这是“鹿经”。

这是中外第一本鹿的故事集。

这是119篇说“鹿”和由“鹿”引发的故事和故事杂谈集。

人类与自然生态下的鹿，人类与文化生活中的鹿，息息相关，惜惜相辅，和谐共存，有着深厚历史积淀，有着丰富文化创意，有着许多感人的故事。作者以朴实的笔触、思辨的手法、跳跃的篇章、珍藏的实物，讲述和议论着这有传说、有历史、有时事、有生活、有文化、有哲理、有血肉、有灵魂的鹿。

秋高听鹿鸣

温书迎考的礼物　进德修业的信物　文史哲趣的读物

陈伟群 著

中国林业出版社

图书在版编目（CIP）数据

秋高听鹿鸣 / 陈伟群著. -- 北京 : 中国林业版社,
2017.6
ISBN 978-7-5038-9066-6

Ⅰ. ①秋… Ⅱ. ①陈… Ⅲ. ①故事-作品集-中国-
当代 Ⅳ. ①I247.81

中国版本图书馆 CIP 数据核字（2017）第 140541 号

中国林业出版社
责任编辑：袁绯玭　李　顺
出版咨询：(010) 83143569

出　版	中国林业出版社（100009　北京西城区德内大街刘海胡同 7 号）
网　址	http://lycb.forestry.gov.cn
印　刷	北京卡乐富印刷有限公司
发　行	中国林业出版社
电　话	(010) 83143500
版　次	2016 年 8 月第 1 版
印　次	2016 年 8 月第 1 次
开　本	787mm × 960mm　1/16
印　张	21
字　数	350 千字
定　价	68.00 元

序

“秋高听鹿鸣”，出自易学签诗：“天门一挂榜，预定夺标人，马嘶芳草地，秋高听鹿鸣”，中签者无不心花怒放。后有门联“春暖观鱼跃，秋高听鹿鸣”。“秋高听鹿鸣”给人：生生不息的希望，欣欣向荣的吉象，百家争鸣的景致，泰然自得的境界。这就是鹿和鹿文化的魅力所在。不论你是生活在地球的东方还是西方，不论你是中国人还是外国人，不论你是男士还是女士，不论你年龄大小，也不论你是否有信仰差异，我相信：你和我——我们，都会喜欢鹿，对鹿和鹿文化的了解，如饥似渴。

《秋高听鹿鸣》这本书，119篇说“鹿”和由“鹿”引发的故事和故事杂谈，不论标题、内容，处处见鹿，给了我们快鹿（乐）漫游的享受。让我们看到：鹿，温文尔雅的气质，仁瑞慈爱的品格，有秩竞争的风范，活泼旺盛的生命，千古传承的喻意，奉献人类的一生；让我们了解到：鹿与文化多样性保护，鹿与生态多样性保护，同样重要。进而促进欣赏、赞美、弘扬、学习、保护，达到寓教于“鹿”，借“鹿”育人的生动化社会教育效果。

它，是鹿文化遗产，也是人们追古抚今、进德修业、添趣增知的读物。

它，说古说今，说中说外，有艺有趣，有智有志，见事见人，见史见解。

它，有跨宗教的精神食粮。让我们读到：这鹿，是圣诞快乐的化身，佛陀慈善的化身，儒家仁德的化身，道法自然的化身……

它，有跨文化的哲学故事。让我们读到：猎鹿博弈、狼鹿效应、四个部落争一只狍子、无心的鹿、泉边小鹿、纵麑得仁……

它，有跨学科的史实思辨。让我们读到：仓颉造字"鹿"健在、《许田射鹿》及其他、明孝陵的"银牌鹿"之迷、皇太极与侍从的射鹿争端、圆明园"十犬逐鹿"思辨、鲁迅拜古树伏鹿、石器时代先民猎鹿方式猜想……

谁不渴鹿奔泉？

陈伟群

2017年7月1日

目录

《石鼓文》上观鹿

十年前就听有“学书从篆书入手”的说法，最近和一位土生土长在北京的青年茶师品茶中，品赏了她习写篆书的临摹作品《石鼓文》(四鼓“吾車”)，又得知她的老师也主张：学书起手式从秦石鼓文入手。穿越时空的这一耳闻目睹，让我这学书从欧阳询《九成宫醴泉铭》入手的人，回到家细细品读起《石鼓文》。

《石鼓文》是东周时期秦国人刻于石碣之上的文字，因其刻石外形似鼓而得名。发现于唐初，石碣共有十枚（鼓），每枚刻有大篆四言诗一首，共十首，计七百一十八字。但是，北宋欧阳修录时存四百六十五字，明代范氏“天一阁”藏本仅四百六十二字。原石现藏故宫博物院石鼓馆。

《石鼓文》内容最早被认为是记叙周宣王出猎的场面，故又称“猎碣”。后续研究认为乃记载秦王游猎之叙事诗。

《石鼓文》上也有鹿与人类文明的这幅古代画卷的一些片断。

《石鼓文》这叙事诗言及的动物，是鹿类最多，而且“十鼓”中有5个“鼓”的诗中言及鹿。除了驾驭的马（含马车的马），最多的就是鹿类动物，而且鹿种很丰富。叙事诗中鹿有13个字（与“马”字出现的次数相同），麀（母鹿）3个字，鹿5个字，麋（麋鹿）1个字，豖

+ 肩（豚鹿）2 个字，馬 + 齊（马鹿）2 个字，獸鹿（驼鹿）1 个词，麀鹿（雌鹿为首领的未成年雌鹿、雄鹿、幼鹿采食中的鹿群）3 个词。如果加上 4 个词组，那么鹿的出现频数要高于马，这还不包括囿（鹿苑）1 个字。从《石鼓文》上观鹿，还有更精彩的。

在这样一幅鹿与人类文明的古代画卷中，都能观看到鹿的什么片断呢？

在《石鼓文》（三鼓“吴人”）中有诗句：“中囿孔庶，麀鹿逨逨。”这，让人心怀仁德。在眼前这个供作围猎鹿而乐的王苑，苑中草木茂盛，四野飞禽走兽，母鹿为首领的未成年雌鹿、雄鹿、幼鹿采食中的鹿群，那快速奔跑的活跃面貌，催发奋斗激情。“吴人”即虞（掌管山泽、苑囿、田猎的官员）专门在指定的围猎的地域，宣讲围猎鹿的规则：天子打猎不能把四面都包围起来，不捕杀怀胎的母兽及幼兽。《周易·屯》：“即鹿无虞，惟入于林中；君子几，不如舍，往吝。”《石鼓文》三鼓“吴人”的诗文也表明最少在东周秦王就有规矩来避免“即鹿无虞”。成语“即鹿无虞”，原意就是进山打鹿，没有熟悉地形和鹿性的虞官帮助，那是白费气力。

在《石鼓文》（四鼓“吾車”）中有诗句：“麀鹿逨逨，君子之求。”……“麀鹿 [走 + 束]2，其來大次。吾敺其樸，其來 [之 + 賁]2，射其 [豕 + 肩] 蜀。”诗道：母鹿为首领的未成年雌鹿、雄鹿、幼鹿采食中的鹿群，快速奔跑着……她们也许已经知道，坐在马车上的人已把她们纳入猎取的对象。当围猎开始驱赶鹿设伏，弓箭手们列队张弓待命，徒兵们驱赶鹿群，徒兵们与鹿群之间出现激烈抗争，鹿群中有的踟蹰不前有的或进或停；徒兵们便点火驱赶，见了火光，鹿群敏捷退避，从而被迫逼着向围猎圈行进。领头的母鹿更是担忧鹿群体的命运，渐走渐停地观察转机，而后边的群鹿已是神呆目瞠、散乱无助。徒兵们从树丛中逐出一头豚鹿（体形中等，但较为粗壮，四肢较短，显得矮胖，臀部钝圆且较低，姿态像猪，因而得名），它体态像猪跑起路来十分沉重，当弓箭手们飞箭射去，这一只桀骜不驯、昼伏夜出、多单独活动的豚鹿倒地毙命了。这，让人牵挂鹿群命运的担心暂时放下了，看到了围猎不是滥杀。

在《石鼓文》（六鼓“天虹”）中有诗句：“或竦或走，[馬+齊]2马蔗。”这，让人欣赏了和谐自然美丽景象。从天而降的野鸡，漂亮的羽毛犹如天上的彩虹绽放，落脚到地面有的走动有的立视，与一群食草的马鹿交融在一起。

在《石鼓文》（七鼓“鑾車”）中有诗句：“獸鹿如兕，台尔多贤。”中箭的驼鹿，像犀牛这么大的庞然大物，被献上作为祭品，请先贤们用享。这，让尊老敬贤之风扑面而来。

在《石鼓文》（九鼓“田車”）中有诗句：“宮車其寫，秀工寺射。麋豕孔庶，麀鹿雉兔。”围猎用上了特制的联接起来能筑构形成连墙体包围的车辆，车辆造成屏障似的墙垣，徒兵撤后了，弓箭手们集中站立在车上向围在一侧的猎物，搭箭齐射。猎获的麋鹿、野猪成片，也有母鹿、山雉和野兔。这，让人看到有谋有识齐心协作的力量。

《石鼓文》上观鹿的美学和哲学享受，可能是被许多人忽视了。人们可能更关注《石鼓文》的书法美学。当然，《石鼓文》为“刻石之祖”，与两周金文同代篆书刻石风格迥异，在大篆文字中最为成熟，独一无二，值得细细观摩和临摹。

国茸古风

“国茸”，古已有之。

在中国历史上的元代，今天的包头市一带就是当时向宫廷贡鹿茸的主产地，这里的野生梅花鹿群，每年四月被围捕，割取鹿茸后，便被放生。

到了明代还见有鹿茸贡品。

努尔哈赤建州女真（1619）设盛京围场后，西丰始盛产梅花鹿，也就成为贡鹿茸的主产地。

清雍正元年（1723），雍正皇帝钦定由同仁堂供奉“御药房”需用药料和代制内廷所需各种中成药，称为“供奉御药”。历经八位皇帝，一百八十八年。“供奉御药”，把关严格、繁琐，每次进药，都要由同仁堂保荐的“药商”[清乾隆十九年（1754）起为张姓药商，八位相传]，送交“御药房”的两名“御药房特简供奉”验收。清朝皇室对鹿茸、鹿肉、鹿血青睐有嘉，除有盛京围场人工饲养梅花鹿进贡外，还“传票”同仁堂到营口药店采购野生鹿茸，一般供奉的野生鹿茸还要由皇帝御览后，才交御药房保管。那时的供奉御茸，用今天的话说来就是“国茸”。

清道光年间，同仁堂张姓药商，在向林则徐请教禁烟药丸的茶叙中，了解到包头野生梅花鹿鹿茸的历史，张氏如获至宝。之后，包头野生鹿茸成了营口药店的抢手货，自然，也就成了供奉御茸的上品。清道光三十年（1850），同仁堂张姓药商，收到了“福州会馆”转来的一块林则徐题匾。原来，张姓药商敬仰林则徐的风范又感恩林则徐的指点，托“福州会馆”转赠给林则徐礼物，同仁堂“十三太保”之一的“参茸卫生丸”，随礼单附信，说明该丸成份有包头野生鹿茸、肉苁蓉等，并陈述求题字之意。林则徐在家乡福州收到这“补血益气、兴奋精神”的天然滋养品，有感萍水情深意浓，盛赞供奉御药振兴，欣然挥笔“务从古风”四个大字。题匾流芳至今，古韵雄风尚存。

包头，有鹿的地方

在中国，有鹿的地方，许多许多……

1982 年 12 月 21 日，内蒙古包头市人民政府第十四次市长常务会议，依据党和国家的民族政策，根据约定俗成的原则，决定包头地名源于“包克图”的谐音，即蒙古语说“有鹿的地方”。

包头地名的由来与传说，自然由这“有鹿的地方”说开。清朝末期的举人、民国时期曾经担任山西省议员、包头第一任县长的刘澍，在 1937 年发表的《包头地名考》中写到：包头名胜“转龙藏……此间涧溪，复以山中群鹿每晨麇集来饮于此，梵语谓鹿为包克图。相沿日久，省呼为包头，此包头之名称之由来也”。那意思是说：包头有个名胜叫转龙藏，那里有条小河，附近山里的鹿群每天早上都要来转龙藏前的小河饮水，梵语称鹿为“包克图”。这样，久而久之，就叫成了“包头”，这就是包头名称的由来啊。刘澍还说明：这是喇嘛雅楞不勒遵照他的师祖宏道禅师，口说相传而来。包头这地名，起始于清朝雍正初年。最早是乌拉特、伊克昭、土默特三个部落的牧场。这个地方依山傍水，西藏喇嘛云游到此，供奉佛像，起名转龙藏。转龙藏的溪水边还经常有群鹿在此嬉戏饮水。

关于“包克图”，还有一个传说。

相传，成吉思汗西征行军，途经九峰山一带时，忽闻呦呦鹿鸣，只见眼前山坡上一只硕壮的梅花鹿，一对大犄角就像两棵无叶的山榆，身上的花斑在阳光照耀下亮如刀光。历征强悍无不克的成吉思汗，张弓搭箭，“嗖”的一声，箭落在鹿脚前，再射，箭又落原地，而梅花鹿岿然不动。成吉思汗策马扬鞭，只身逐鹿。转过道道山弯，追到今天包头市东河区的转龙藏一带，只见此地苍松翠柏，草高林密，好似人间仙境，那只梅花鹿在林中忽隐忽现，转过一棵大树就不见了，而林中还不时回荡有鹿鸣声。这棵大树，枝繁叶茂，树径有数人合抱不拢，阳光下，树形像似一只跃蹄飞腾的鹿！到跟前，却见一块方方正正、熠熠发光的青石，一只梅花鹿的图案赫然显现，花斑耀眼，活灵活现！是他，确为神鹿也！成吉思汗脱口而出：“包克图，包克图……”从此，蒙古语“有鹿的地方”就成为地名流传开来。“包头”即“包克图”这种说法就被约定俗成了。

今天，“鹿城”已成为众所周知的包头别称，在第一工人文化宫门前矗立的鹿雕塑，是包头市的城标。

皇太极与侍从的射鹿争端

清皇太极把狩猎上升到“国策”的高度，后继的皇帝无不重视。《清史稿》载，康熙到嘉庆的一百三十多年里，在木兰围场（今承德）行猎 105 次。清朝的木兰围场就像是今天的国家森林公园和农牧产品养殖基地。盛京围场共 105 个小围，面积大约相当于现在的一个乡，整个围场（南北长四百九十里，东西宽一百八十里），横跨今天的吉林、辽宁省,105 个围场除了练兵外，有 11 个围专供皇帝打猎（叫“御围”），另外 11 个围专为进贡用，还有 14 个围专为制造鹿产品，鹿茸、鹿鞭、鹿肉、鹿角……

天聪四年 [明崇祯三年（1630）] 十一月皇太极在扎木谷行猎，寒冷的天气把侍卫随从们冻得直流鼻涕，脸上挂雪条，而皇太极戴着窄帽，手不入袖，倥偬驰射他根本不知道冷，让侍从看傻眼了。

天聪五年 [明崇祯四年(1631)] 十月初八，皇太极在东哈达路行围，侍从巴哈射中一头鹿，却给逃走了，皇太极恰巧也射中了一头鹿，巴哈对太极说：这头鹿是自己射中的。皇太极听后，并没有用皇权压人，而是选择“判箭”来论定，就是进到猎场找到被箭射中的鹿，以鹿所中箭的箭是谁的来对质判断，后来，判别箭头的结果表明这头鹿确实是皇太极射杀的。

且不说皇太极此“判箭”的仁政意识可以为后世之师，就此也足见皇太极把打猎上升到“国策”，不但身体力行，还让人（随从）能够平等地参与，并且让不同意见化解于有机制保障的“实事求是”，从而促进“国策”深入人心。后来嘉庆皇帝虽更狠，提出“射猎为本朝家法，绥远实国大纲”，但远没皇太极仁政的功力。

乐平泉卖鹿鞭

道光十一年（1831），同仁堂来了一位新铺东，他就是乐平泉。他手段高强，胆识过人，让同仁堂不但重振祖业而且本固枝荣。从他亲自接待一位官员购买鹿鞭的故事，就可看出他的高超所在。

光绪元年（1875）初冬的一天，一位戴着水獭皮帽，穿着狐皮袍的顾客，进了同仁堂就直奔客厅坐下。乐平泉跟他熟悉，知道他是个做官的，可暗地里又经商，利用权势赚了不少钱，他开赌馆、烟馆还放高利贷，口碑很差。乐平泉亲自出来招呼他，来的都是客，让伙计上茶。

“您不在家里哄新娶的六姨太，到敝堂来啥事？”乐平泉问。“近来体虚，腰酸腿软，两眼发花。”官爷说着，又向乐平泉凑近，低声说，“实不相瞒，我虽已过了不惑之年，可是至今仍无子嗣，有名医要我多用些鹿鞭、海马……”乐平泉听后，就让伙计和大查柜去细料库取上好鹿鞭、鹿茸、海马，让这位官爷过目。

官爷挑选了一堆，到付账时，犹豫了一下说：“这价可不低呀！”乐平泉说：“同仁堂，‘供奉御药’，‘取其地，采其时’，自然品质好、天然档次高。送人是高贵，你吃了，不但舒筋活血强腰补肾，还能添子添福添寿。这钱花得值吧？”官爷一听，连连点头。

乐平泉又说："我还再送您一个得子的秘方，而且分文不取。"官爷是一边品茶，一边听乐老板道来。乐平泉说道，此药来自元代吴莱的《三朝野史》。说是南宋有个叫包恢的人（刑部尚书，以廉吏且政绩显著而扬名），八十八岁了，身强体健，还能登高台，参加重大的典礼，到郊外云游。当时的奸相贾似道不但陷害忠良，误国误君，而且好色贪欲，把身体都掏空了。他向包恢请教如何养生强体，包恢笑着说："我吃了五十年独睡丸，因此才身强体健"。官爷听到这便急忙问："怎么配制？同仁堂有售？"乐平泉说道"远离声色犬马，舍去七情六欲，晚上一人独睡，不需妻妾待陪……"，说着，拿出一张纸来说："我这里倒真有一个求子的妙方，您仔细过目，我分文不取。"

原来，那是乐平泉写的并载入《同仁堂药目》的一篇文章，名为《求嗣说》，大致内容是说，要想得子嗣，就要慎起居，节饮食，"起居慎而后精力健，饮食节而后神气清"。再加上合理的夫妻生活，就可如愿。

郯子鹿乳奉亲

春秋时期，礼崩乐坏，诸侯纷纷起来争夺土地和人口。

当时的郯国是鲁国的属国，郯子是郯国国君，他提倡孝治，并把郯国治理的非常好。孔子很仰慕他，曾拜他为师。

郯子从小就孝敬父母。长大后，郯子的父母由于年迈，双双患上了眼病，就把君位传给了郯子。国事之余，郯子最关心的事儿，就是找医生给父母治疗眼病。

郯子找来了当时最优秀的医生为父母治疗眼病。医生说他父母得的是“火病”，需要清热祛火，一旦把“火”平息了，眼病就好了。

医生给郯子的父母开了一剂处方：饮用鹿乳，并用鹿乳洗眼睛。

对郯子来说，要猎杀一头鹿，不是难事儿，招集一批猎手上山，用不了半天时间就能猎杀一只鹿，吃上香喷喷的烤鹿肉。但令他为难的是，必须活捉一只正在哺乳小鹿的母鹿。

思前想后，郯子找来一张鹿皮披在身上，自己便装扮成鹿的模样，一头钻进了深山老林里，郯子伪装成鹿，跋山涉水，寻找鹿群。皇天不负有心人，郯子终于混入了鹿群，他盯上了哺乳期的母鹿，屡次下手，却都扑了空。鹿跑得实在太快了，郯子都几乎绝望了，为捕鹿，他还差点丢了性命。

一天，他身披鹿皮，正学着鹿的样子在山林间徘徊，不料，一位猎人竟真的把他当成了一只鹿，猎人拉满了弓，搭在了弦上的箭瞄准郯子，幸亏郯子的及时发现，他连忙脱下身上的鹿皮，大声呼喊猎人。郯子是贤明的国君，猎人认出了郯子，慌得扔了弓箭，忙跑过来跪在地上，向郯子请罪，问郯子为什么会一个人在深山里装扮成一只鹿。

郯子向猎人讲清了事情的缘由。

猎人听了，高兴地对郯子说，年前他捕获到一只母鹿，养在家里。后来，母鹿生了一只小鹿，眼下正值哺乳期，鹿乳多的是。

真是踏破铁鞋无觅处，得来全不费工夫。郯子终于得到了鹿乳。据说，郯子的父母喝了鹿乳，又用鹿乳洗了眼睛，眼病很快就好了。

这就是《二十四孝》中“鹿乳奉亲”的典故。

神鹿迢迢入梦来

在中国古代，鹿就被看成了求得禄位高官的通灵，成了一些祈官获禄者朝思暮想的神鹿。

南朝梁武帝年间，冯朝人吉士瞻，很想得官获禄。有一个晚上，睡觉时他梦到自己从四面八方收集鹿皮，数了一下，共有 11 领鹿皮。回来后非常高兴，自言自语："鹿者，禄也，吾当居十一禄乎？"后来果然入仕为官，历十一任禄位，最后一个禄位是武昌郡太守。

安史之乱"惊破霓裳羽衣曲"，也惊破了唐明皇游览桂宫的美梦，乱军首领之一的史思明也曾做过一个梦：他梦见水中沙洲上有一群鹿，并追随鹿渡水上了沙洲，上沙洲后，只见鹿都死了，水也干涸了，睡梦醒来，史思明百思不得其解，坐在桌案旁左思右想，惆怅不已，身边几位侍从官吏问他何故，史思明将惊梦中所见告诉他们，然后走了出去。侍从们相顾议论说"鹿者，禄也，水者，命也。禄与命俱尽，此梦不吉。主公非但不能保有禄位，还会有性命之忧。"议论后大家都有趁早另投他主的打算。后来史思明被他的儿子史朝义杀死。

这样说来，鹿之入梦，吉祥与不祥，首先还要看人的善与不善。恶人虽然梦见鹿，未必能呈祥显瑞，搞不好还是凶兆哩。

同仁堂的鹿茸故事

有着近三百五十年历史的同仁堂，有些与鹿茸有关的故事。

酥炙鹿茸

同仁堂少不了一副门联："炮制虽繁必不敢省人工，品位虽贵必不敢减物力"。这也是同仁堂对后世的千古一诺。同仁堂对药材的加工炮制一丝不苟，不仅吸收了《雷公炮制十七法》的长处和明代陈嘉谟提出的水制、火制、水火共制三类方法，还有自己的发展和独创。在古代，鹿茸去毛，一般都是用火燎，同仁堂却是独创"酥炙"，就是涂上酥油，再用火炙，这样虽然是繁工费材，但是既可助药力又不会伤鹿茸。

供奉御茸

供帝王后妃所用之药，在清朝有一套严格、繁琐的供给程序。同仁堂供奉御药，清朝"御药房"多有记载。

乾隆四十八年（1783）秋季，乾隆到热河围猎，由于"御药房"

药品不全，便“票传”同仁堂，限期送到。“票传”内有贵细药材的鹿茸等。

同治九年（1870）十一月八日，同仁堂来了两位“御药房”的“御药房特简供奉”要选“茄包”鹿茸，原来，中药商们根据鹿茸生长中的不同阶段为鹿茸取了一些形象的俗名。鹿茸生长初期被称为“拔桩”，长4至5厘米，尚未分岔，形状如同茄子，便称“茄包”。“茄包”生长期非常短，因此十分珍贵。因物稀价高，除四月和七月锯茸季时外，一般的药铺不会长期备货，以免压资金。可同仁堂大查柜还就带着两位官员到细料库找到了“茄包”鹿茸。两位官员转忧为喜。赞道：同仁堂备货全。

红色鹿茸

鹿茸有红色的？同仁堂就有。当年老乐家不仅有共产党员，而且乐元可的宅子就是共产党员的秘密联络点，为地下党的金库，保管着大笔活动经费。乐元可的夫人李铮，不仅管这笔巨资，还要想方法把地下党的党员党费、经费汇集来的纸币，尽快换成金条、银元、美钞，或是从同仁堂换成鹿茸等贵重药材，以免党的经费受到通货膨胀的影响而受损。

台湾工党主席郑昭明寻“鹿”探“源”

祖国宝岛台湾的台湾工党主席郑昭明先生是郑成功的后裔，长期致力促进两岸寻根交流。他时常自豪地说：“1991 年 4 月台湾工党成为第一个组团访问大陆的党派，是我带团，受到时任全国政协副主席钱伟长的接见。”台湾工党主张：中国和平统一，反对分离。昭明先生热心海峡两岸交流，今年（2011 年）又多了一个热点。他现今不但讲两岸“同根同祖”，还新添在两岸讲“药食同源”“养生济人”。他构想的在海峡两岸经营以鹿为原料的滋补养生品、食品，已经有了良好开端。

2011 年 5 月 7 日，郑昭明率领经营专家，远到内蒙古包头市，考察鹿的全产业链。欣然签订协议。有趣的巧合，总会发生。

史有记载：顺治十八年（1661）三月，郑成功亲率二万余众兵将，分乘百艘战船，从金门进发，郑军乘着海水涨潮将船队驶进鹿耳门内海……台湾鹿耳门，没鹿的地方；内蒙古包头，有鹿的地方。天缘合璧，如今开启互惠互补“养生济人”的买卖，呵呵，昭明先生，你是“先知”而不“昭明”吗？

百姓乐见：今天的两岸交流，带给了两岸民众福祉，惠及了两岸同胞民生，慰抚了两岸亲人挂念。寻“鹿”探“源”便会发现，两岸的“九二共识”，一个中国原则，可是了不得的圣源哟！

泉水边的小鹿

在中华工商时报特稿座谈会上，言论撰稿人建言有：千万不要以作者的名头大小取舍稿件，而要以作者观点、文笔和文论的社会价值决定取舍稿件。这让我联想到寓言故事——泉水边的小鹿。

一只渴得要命、四处寻水的小鹿，找到了泉水边，喝水时，从自己在水中的倒影里发现了自己头上那对犄角，愈看愈满意！便讨厌起自己那又长又太细的腿脚。当小鹿回头发现狮子正向他扑来，小鹿拔起细瘦但轻巧的腿脚就跑，快得狮子真追不上。这时，小鹿才庆幸有这曾经“讨厌”的腿脚。可当小鹿快速跑着奔进树林后，犄角则卡在了树技，动弹不得了，结果很不幸，成了追随而来的狮子的大餐。小鹿死前伤心的叫道：“没想到，被我嫌太细的腿脚才是能救我的武器，而我最欣赏的犄角，反而把我害惨了啊！”

孩提时，我听了这故事，得到启发：有一些东西外表并不好看但是很好用，有些东西只是好看即很脆弱。于是，我把好用的东西留存，把好看的东西也留存。岁月的冲刷，才让我懂得，其实关键的是趋利除弊。试想看：如果小鹿发现自己细瘦的腿脚奔跑起来明显快于狮子，小鹿就不用选择躲进树林，能被犄角害惨吗？

我们不会自设：美丽的鹿犄角不是好东西，名头大的作者没有好文章，话说得好听的人不会办事，能赚钱的企业老板没有文化，这类的思维定式。我们说要戒以貌取物评人，就是我们要懂得事物都有两面性，事情都有具体时间、场景等背景；要能够透过现象看本质，正本清源，趋利除弊；还要摒弃个人情绪、情结的影响，以大众、大家的情怀来评物、论事、取人。

鹿捐爱心

上月底，李春平向警方再捐款，媒体报道春平先生说："我没有别的企图，也没有别的要求，我捐一年、两年你有怀疑，我到现在捐款20年，你还有怀疑，那我会一直捐下去。"这话，显然是回应多年来猜忌评论他捐款动机的人。

当今社会，捐赠成了烦恼的事了吗？比尔盖茨、巴菲特的"裸捐"晚宴是"劫富鸿门宴"？陈光标"天女散花"的捐赠方式应改进？季羡林向北大捐赠引发季老遗产争夺？捐款少的小学生从小学生作文《小鹿捐爱心》中找到自信？

有研究吗，人类最原始的捐赠动机是什么？捐赠什么最好？怎样捐赠能没有烦恼？

记得，写作于约公元150至250年的《大智度论》中，有鹿王舍命救母鹿的故事。为了让进山猎鹿的国王停止放箭滥杀群鹿，鹿王见国王：我们每天送一头鹿进宫，给大王当佳肴。奏准后，国王不再滥杀鹿了。于是，鹿王召集群鹿，排定顺序并每天捐给宫里一头鹿。一天，轮到了一头母鹿，她对鹿王央求说："今天轮到我进宫了，可我怀孕中的小鹿不该是今天供的鹿呀，鹿王救我孕中的小鹿吧。"鹿王想到救小鹿就得缓后供母鹿，原先的约定就要更改。为守信又救小鹿，鹿王决定送自己去给国王当佳肴。国王了解了原由，被鹿王慈悲救度苦难所感动。当即决定不要鹿供，不再杀害鹿了。

显然，在这故事中，鹿王恳求每天捐一头鹿给国王，是为保护群鹿免于滥杀，内心是出于无奈的；鹿王把自己顶替母鹿准备捐给国王，实际是将自己捐给母鹿，内心是出于慈悲救难自觉的。我们很难评论鹿王这两次捐供，哪一次动机更好，哪一次捐供得更好。

《小鹿捐爱心》作文中写到：小鹿参加慈善夏令营，看到同学有捐出 100 元、200 元，还有捐出一千多元，便对妈妈说：我捐 20 元是不是太少了？鹿妈妈摸着小鹿的头，亲切和蔼地说：孩子，奉献爱心的方式有很多，也很难以钱捐多少来衡量。你也知道我们家的条件，要量力而行，虽然只捐 20 元，但是妈妈是尽力支持你表达爱心了。你也可以做贺卡、写信或把自己省出来的学习用品捐上。第二天，小鹿抬着头，挺起胸，自信地走向捐赠箱，心里充满了快乐。

我们又怎么能评论出小鹿和她的同学、鹿妈妈和小鹿同学的妈妈，谁更有爱心？谁更高尚？

捐赠，无疑是令人鼓舞、令人尊重、令人感动、令人难忘的事情。但捐赠者不见得想到和关心那么多个“令人……”。因而，对捐赠不评论为好，留给当事人自我品论为好。不评论，肯定不会给捐赠者添加烦恼，也不会给受捐者添烦恼！

“四角鹿”这个真没有！

网上传出题为：割“四角鹿茸”残忍现场。标题挺刺眼，文字内容这样写道：“长春市双阳区鹿乡镇红土村村民周殿福家养的一只梅花鹿长有 4 只犄角，据了解，这只‘四角鹿’是一头公鹿，今年 7 岁了……”

我看了该文和割茸全过程的图片，要说的是：四角鹿？这个真没有！

四角鹿（Syndyoceras cooki）是已灭绝的哺乳动物。人类现在发现的四角鹿化石时期在早中新世。四角鹿的身长一般 1.5 米，外表也像鹿，脚上有着两趾蹄。它像早期的马（如草原古马），脚上有两趾向外及已经退化，且不会贴在地上。四角鹿的头颅骨却不像鹿，其上有两对角。鼻端上第一对角的角端开叉，第二对在眼睛及耳朵之间，向内弯曲，两角互对形成一个半圆状。它的角长得像长颈鹿，表面上有皮肤覆盖。四角鹿在动物界为原角鹿科，是骆驼的近亲。四角鹿不属鹿科动物，也就是说：鹿类，没有学名上的“四角鹿”。

见到鹿茸血，就给上“残忍现场”的标题，看到四个角的鹿，就称呼为“四角鹿”。《亚经贸新闻》没有责任编辑吗？抢新闻、抢眼球，切不可忽视专业精神哟。

尧帝和鹿仙女的洞房

相传，远古陶唐氏尧称王不久，他到今天的内蒙古草原巡察指导牧鹿人的生活，一阵清香，把他引向了远方，只见一位女子手执火种飘然而来，尧王被她那纯朴、温雅、活力四射的气质所倾倒。一问牧鹿人得知她是一位为民众传递火种的鹿仙女，她住在南边的仙山里。日后，尧王一心惦记，食不甘味，终难释怀。

尧王定都平阳后，尧王决意行禅让以改变寻血缘传王位的做法，便来到了今山西临汾市的姑射山寻访蒲伊、许由、善卷等贤能之人。在“仙洞沟”，忽见一只梅花鹿悠然从姑射山仙洞走来，尧王认得是鹿仙女的化身，便移步向前，突然，窜出一条大蟒蛇直逼尧王。只见鹿仙女跃到跟前，大蟒蛇便仓惶远逃。两人相见恨晚，相拥难舍。

尧王和鹿仙女在姑射山选择于山洞完婚，大喜的那天，祥云缭绕，群鹿献草，百鸟和鸣。傍晚“结鸾俦”仪式时，对面山上一簇神火，耀眼夺目，光彩照人。从此，世间后人结婚，不论新房豪华与否，都一律称为“洞房”。如今这“天下第一洞房”已经开辟成旅游景点，洞口与对面的“花烛山”遥遥相对，“洞房花烛”就是由此而来。

尧王和鹿仙女，应该是现今“裸婚”的鼻祖。

鲁迅拜古树伏鹿

鲁迅先生的散文《从百草园到三味书屋》中有这样一段话:“从一扇黑油的竹门进去,第三间是书房。中间挂着一块匾道:三味书屋,匾下面是一幅画,画着一只很肥大的梅花鹿伏在古树下。没有孔子牌位,我们便对着那匾和鹿行礼。第一次算是拜孔子,第二次算是拜先生。”

鲁迅与古树下的伏鹿,是在他上私塾学堂的三味书屋遇到的,他的印象很清晰,从他在散文中用“伏鹿”而不是“卧鹿”,便能读知,鲁迅在这里读书时,不但对这“伏鹿”观察细致,而且知道这里的喻意。

“伏鹿”的谐音“福禄”,这也是鹿的寓意。在《论语·卫灵公》中有孔子勉励弟子们用心于学从而求功名进利禄的记载:“君子谋道不谋食,耕也,馁在其中矣;学也,禄在其中矣”。“学而优则仕”,读书做官,做官就有很丰厚俸禄,荣华富贵。孔子从道德修养和学业造就这两个方面为弟子们指出谋求“禄”的途径。在这三味书屋里,这“伏鹿”有孔子化身,但更代表孔子给读书的子弟们指明的未来。

而“古树”的谐音“古书”,书,当指经、史、子、集之类经典,它是孔子思想的承载,又是需要名师来授业,自然,在这三味书屋里,这“古树”有孔孟思想精神,更有老师的音容。

清代的儒学门弟的家中，常有“松鹿图”，或为中堂或为挂画，也见有在文房用具上的图画，这是含蓄的祝福。象征寓意：倘若真诚地拜伏鹿古树下，就可望登上金榜鹿鸣（录名），获高官厚禄。

鲁迅在三味书屋，一拜孔子二拜先生。但他追求学业是为社会大众服务，他并不追求学而优则仕，他对恩师寿镜吾的敬仰一直延续着。

这就是鲁迅这位文化巨匠与“古树”“伏鹿”的佳话。

温情“鹿芝馆”

鹿芝馆药号创立于清朝嘉庆年间，清道光元年（1821）刻印有《鹿芝馆丸散膏丹目录》，为鹿芝馆主人辑。清光绪 9 年（1883）刻印有《鹿芝馆陈家园药丸汇集》，为鹿芝馆编。鹿芝馆是一家经营中成药的药店。鹿芝馆有几家分号，今已无从查知。

清光绪元年（1874），在上海河南路开设鹿芝馆药店的是广东人郑伯勋，成为上海最早的广帮药肆（店），这家“鹿芝馆”与后来在上海汉口路开设的“郑福兰”“种德园”“仙寿窝”“杏林轩”药店都同系广帮药肆。据查证，在 19 世纪八十年代中期(1885)开始，在上海《申报》上，华商的医药广告骤增，超过了洋商的医药广告，这些广告的一大特点是：半数以上的广告主为广帮药肆，主要的有六家，其中就有鹿芝馆。

到了民国时期，在上海开设的“胡庆余”“童涵春”“蔡同德”“雷允上”被称作“申城国药四大户”。可见，在这一时期“鹿芝馆”已经不算是国药大户了，但从能打出“鹿芝馆西藏红花油”，这也表明鹿芝馆还有自家赖以生存的特色。“西藏红花油”，红棕色澄清液体，气特异，味辛辣，为中医外用药。用于风湿骨痛，跌打扭伤，外感头疼，皮肤瘙痒诸症。

“红花油”一直是名扬海内外的传统家用备药和馈赠佳品。

现今，“鹿芝馆”还见到有名有份流传的并不是“散膏丸丹”之类的药了，而是一段让广州一位老人难以抹去的温暖。就登载在 2004 年 4 月 10 日的《广州日报》上：

“1946 年除夕日，我父亲在沪辞世，父亲后事处理后，我留在先父生前好友郑世叔的鹿芝馆药店寄食宿继续求学，药店里有个（女）帮工，原籍广东，我就喊她作‘姑姐’，他一家四口就住在药店的阁楼上，我因丧父，并‘寄人篱下’，姑姐甚表同情，在生活上给我不少帮助，姑姐能讲一口流利的上海话，她一闲下来就教我讲上海话，还常替我洗晒蚊帐被褥，对我照顾细微。这张照片是 1949 年 5 月她送给我的，照片背后还写着‘别时容易见时难’。后来，我又到北京上大学，从此与姑姐失去了联系，流水行年，往事如烟。转眼间五十年过去了，姑姐今在何方？”

读了该文，我自语：“鹿芝馆西藏红花油”的空瓶还在（我正好收藏一只“鹿芝馆西藏红花油”的空瓶）！“姑姐今在何方”？这是感恩心灵的永远牵挂，成了鹿芝馆养生济世的绝唱？

小档案：

“广药”是我国中药的重要品种。广义的“广药”，包括广东土产药材、海外进口经广东转输的药材以及广东中成药等。

“广药”在近代遍布全国，影响巨大。早在唐宋时期，广东的药材就成为重要的贡品和商品。尤其是海外贸易经广州入口的乳香、胡椒等香药和香料，北方需求很大。南宋临安市面有各种专卖广东药材的专门销售店，如“川广生药市”“象牙玳瑁市”和“珍珠市”等。明清时期，专门贩运广东药材的“广东帮”足迹遍及天下，同时成药业也在佛山和广州崛起。明代佛山的“梁仲弘祖铺”研制出以蚬壳盛药、外封以蜡的蜡丸，适合保存，创于明朝万历年间的“陈李济”又改良为全部用蜡封装的蜡丸，它们的产品均远销各地。广东另有冯了性风湿跌打药酒、黄祥华如意油等，营业都遍及华洋各埠，生意兴隆。

汉武帝造“鹿皮币”

汉朝初期，“与民休息”的国策，经过汉高祖（刘邦）、惠帝和高后吕雉的连续推行，历时二十几年，已初见成效。史家称赞当时的形势是“衣食滋殖”，“刑罚罕用”，“天下安然”。随后文帝、景帝又连续奉行“与民休息”的国策几近四十年，社会经济空前繁荣，社会秩序安定，史家称“文景之治”。

文景之后，十六岁的刘彻（前156年至前87年）做了皇帝，这位小皇帝就是后来中国历史上同秦始皇并称为“秦皇汉武”的汉武帝。雄心勃勃的汉武帝在位五十四年，进行了五十年的战争，北逐匈奴，南定诸越，开发西南，通使西城，逐步建立起空前强大的汉帝国。

由于边关用兵，军费开支过大，财政很紧张。有官吏奏言“县官用度太空，而富商大贾冶铸、煮盐，财或累万金，不佐国家之急。请更钱造币以赡用，而摧浮滛并兼之徒”。当时，冶铁、煮盐，是稳赚不赔的重要行业，但长期把持在私人手里。在汉武帝时代，连铸钱都是承包让私人做的。这些商贾赚了钱，“不佐国家之急”，怎么办？汉武帝采用两个办法，一是改制，实行国家盐铁专卖，掌控流通和价格；二是，改革币制，用经济手段把商贾持有的钱都贬值了。

盐铁专卖以后，史书上说，起到了“民不加赋而国用足”的效果。

汉武帝还推行“缗钱令”就是对有钱人所有的财物征税，包括商货、车、船、田宅、牲畜、及至奴婢等，均在征税范围。因为担心有钱人藏匿财产，同时鼓励举报，有个叫义纵的官吏反对，汉武帝便下令处死。

汉武帝还把皇家鹿苑的白鹿全杀了，用鹿皮制作成皮币，一张鹿皮定值四十万（当时诸侯进贡皇帝的玉璧才值数千），强制发行流通。当朝大司农（主管财政的）颜异则对鹿皮币的价值持怀疑态度，汉武帝命酷吏张汤给颜异定罪，张汤查实奏称“颜异身为九卿，见到诏令有不当之处，不提醒皇上，却在内心加以‘腹诽’，应处死刑”。

史载：汉武帝采取了统一币制，朝廷铸钱，以及盐铁酒类国家专卖等措施，打击了大商贾的势力，加强了中央的财政实力。汉武帝晚年深知再不偃旗息鼓，改弦更张，势必使汉王朝成为亡秦之续。于是，在公元前 89 年，下诏书表示悔过，停止战争，开始注重国计民生。

鹿，要上全国中学生运动会表演啦

据可靠消息，将有三只驯鹿和二十只小梅花鹿参加全国第十一届中学生运动会开幕式表演。这是继鹤类动物参加亚运会表演之后，又一类中型动物踏上全国体育盛会的表演，也是鹿类动物第一次出席全国性盛大活动的表演。在这里我建议给三只驯鹿分别取名为："圣圣""鹿鹿""源源",20头小梅花鹿鹿群名字用"彬彬"。预祝表演成功，预祝全国第十一届中学生运动会圆满成功。

具体寓意是：

全国中学生运动会，是青少年的体育"圣"会；"鹿"，是青少年普遍喜爱的动物；体育锻炼是青少年健康的"源"泉。而青少年比较喜欢叠字小名，所以给三只驯鹿命名为："圣圣""鹿鹿""源源"。

"圣圣"，一"圣"代表祝福：全国中学生运动会圣火熊熊，燃起青少年积极向上的热情；二"圣"代表祝福：全国青少年健康成长，长大担当起实现共产主义理想的神圣使命。

"鹿鹿"，一"鹿"代表祝福：运动健儿快乐（鹿）竞技；二"鹿"代表祝福：运动健儿登录（鹿）荣誉榜。

“源源”，一“源”代表祝福：全国青少年“好好学习、天天向上”，把体育锻炼这个源头基础做好；二“源”代表祝福：祖国建设，拥有优秀青少年这源源不断的后续人才。

“彬彬”，代表祝福：全国中学生运动会的运动健儿、所有参与者、参观者，彬彬有礼，共力办好盛会。

后记：全国第十一届中学生运动会开幕式于 2011 年 7 月 16 日在鹿城包头隆重举行。组委会给参演的三只驯鹿命名：欢欢、乐乐、顺顺。

民俗：吃鹿头酒接五禄财神

五禄（路）财神，指的是赵公明及其四位义兄弟（或部将）。除了中路为武财神赵公明外，其余四路为东路财神招宝天尊萧升、西路财神纳珍天尊曹宝、南路财神招财使者陈九公、北路财神利市仙官姚少司。这可能是受到了五行观念的影响，认为天地广阔，财宝当然也要分区处理。拜五路财神，就是收接东南西北中五方之财的意思。

每年正月初五，是五禄（路）财神的生日。这天天刚放亮，城乡各位都可听到一阵阵的鞭炮声。为了抢先接到财神，商家多是初四晚上举行迎神仪式，准备好果品、糕点等祭祀用品，请财神喝酒。届时，主人手持香烛，分别到东南西北中五方财神堂接财神，五位财神接齐，挂起财神纸马，点燃香烛，众人顶礼膜拜，拜罢，将财神纸马焚化。

到了初五凌晨，人们抢先打开大门，敲锣打鼓，燃放鞭炮，向财神表示欢迎。迎接财神时，烧五根香，并且准备五杯茶水及五份祭品，而且祭品以清淡为主。接过财神，大家聚在一起吃鹿（路）头酒，一直吃到天亮开门营业，据说这样可以保一年“生意兴隆，财源茂盛”。清代蔡云《吴歈》中有生动描述：五日财源五日求，一年心愿一时酬。提防别处迎神早，隔夜匆匆抢路头。所谓“抢鹿（路）头”即抢接五路财神，人们都争着点放头通鞭炮，以此祈盼发家致富。

五路财神指文、武、义、富、偏五路财神。

武财神：赵公明。他的生日是农历的七月廿二日，因此，每年的这一天便被当作财神爷的生日，具时无论各行各业，家家户户都焚香祷告、鞭炮齐鸣以示庆祝，希望财神爷给自己带来好运。其实，赵公明在历史上确有其人，相传赵公明生于秦代，从小家境贫寒，但吃苦耐劳，后来在经商的过程中，讲究信用，经营得法，积攒下了大批的财富，因他仗义疏财，忠勇爱国，深受百姓的喜爱，又因为他经常到终南山楼观拜访道教高人，精研道理修得正道，所以后人将赵公明逐渐神化。

文财神：比干。比干是商朝的丞相，纣王的叔父，为人耿直中正，是历史上有名的忠臣。他对商纣王的荒淫无道曾多次进行劝谏，终于惹恼了商纣王，要挖他的心。传说中，比干为表忠心自己将心掏了出来，但他得到了隐藏的姜子牙暗中庇护，给他一道灵符得以暂时不死，后来，姜子牙又化妆成一个老翁，给他一副灵丹妙药，救下了他的性命。之后，比干走入民间救民疾苦，用他从宫中带出的财宝到处布施，因为他处事公道，不偏不倚，所以大家对他这样一个童叟无欺的君子极为敬佩和爱戴，被后世尊为财神。

义财神：关公（关羽）。看过三国演义的人都知道，关羽熟读春秋，为人忠义，当年辅佐刘备兵败，为保护两位嫂嫂，不得已投奔曹操，曹操为了收买他为自己效力，整天是上马金、下马银，又封他为汉寿亭侯大将军，但关羽始终没有背叛刘备，最终挂印封金，并过五关斩六将而去，后人感动于他不为财宝所动的忠勇之心，尊他为义财神，现在有许多地方的民俗也将他称为武财神。在中国的宗教史上，关羽也是唯一被佛、道、儒三家崇拜的神，佛教把他当成是护法，道家儒家把他当成是“忠义”的象征，尊称为“关圣帝君”，人称“关老爷”！

富财神：沈万三。相传，明朝的沈万三，他富可敌国，年轻时为人善良勤劳，因救下了三只具神气的青蛙而得到了天下人梦寐以求的聚宝盆，朱元璋定都金陵（现在的南京）时，沈万三曾出资修建城墙的三分之一，他的财富引起了朱元璋的眼红，再加上听说沈万三有一个聚宝盆，于是朱元璋便千方百计的将沈万三定罪发配到云南，家产被查抄一空，但民间的老百姓为沈万三不平，却又敢怒不敢言，于是沈万三的故事被一代代流传下来，成为人们发家致富的楷模，并逐渐被神化，最终成了人们心目中的财神。

偏财神：苏福禄。关于他的历史，在各种典籍中介绍的比较少，只知道他是最早到东南亚经商，被称作“大伯公”“土地公”的华侨，由于他开偏远地区之利，被当作职司“偏”远财富的偏财神。

另外，在上述的五路财神之外，还有一位财神爷，这就是被称作陶朱公的范蠡，范蠡是春秋末期协助越王勾践的名臣。在成功地灭掉吴国以后，他看清了越王勾践的真面目，认为他只可共患难，不能同富贵，于是不辞而别，与历史上的另一个大名人——美女西施泛舟于湖上。他埋名经商，先隐居在齐国，因为经营得当，而且为人正派，所以迅速积累了大批的财富。但后来又为逃避声名之累而散尽家产，随之到了陶国，自号为陶朱公，很快又重新聚积起远胜从前的财富，于是成了历史上著名的大富豪。他创造财富的奇迹也随着年代的久远被广为传颂，终被神化，被后世尊为财神。范蠡虽不在五路财神之列，但他与比干同被尊称为文财神，也是正式的掌财之神。

其实，中国民俗文化多姿多彩，关于财神，各地也有许多不同的说法。但总起来说，都表达了人们渴望幸福生活的美好愿望！

叶剑英放弃高官厚禄

前些天，收集到一只民国十三年（1924）粉彩花卉纹加官进禄图瓶，为仿“乾隆年制”款。瓶上有“竹报平安、富贵寿考、高官进禄、连升三级”，句句是中国古代常用成语吉言，必是大户人家的珍藏。“加官进禄”，禄：俸禄，旧称官吏的薪水，提升官职，增加俸禄。出处为《金史·章宗元妃李氏传》“（凤凰）向外飞则四国来朝，向里飞则加官进禄”。别说大户人家，在千百年文化传承的中国，谁不思进禄？

然而，在新中国成立以前，参加中国共产党的就有一些是放弃高官厚禄，甘为人民解放而投身革命的人，开国元勋叶剑英元帅就是其中的一位。

叶剑英担任过孙中山的警卫。1924 年（民国十三年）1 月 24 日孙中山下令筹建陆军军官学校即黄埔军校，叶剑英是 20 个筹建人之一；1924 年（民国十三年）5 月 5 日黄埔军校开学，他任黄埔军校副教育长。作为黄埔军校校长，蒋介石不允许任何人佩枪、佩剑进入其卧室，只有叶剑英例外，可见蒋介石对他的欣赏和器重，后来还委任叶剑英国民革命军第二师师长。

那时叶剑英非常风光，行军前头是马，后边是轿子，还有士兵当挑夫。前边挑着丹麦进口的饼干和炼乳，后面挑担的是威士忌和白兰地。不想骑马，就有轿子抬着。他同时还兼管广东、广西盐务，收入相当丰厚。

大革命失败后，叶剑英毅然脱掉皮鞋穿起草鞋，抛弃个人的荣华富贵，甘冒生命危险，辗转到了井冈山，从此参加毛泽东、周恩来、朱德等领导的中国革命，肩负起解放劳苦大众的重担！

最近，读到博文《安息吧！值得尊敬和敬重的朱枫女士!!!大陆女特工60年前在台湾牺牲骨灰昨回家乡》，我深情地评论：信仰是无底的深海。朱枫，红的是血、是心、是花、是旗！写后，我还是久久不能平静。朱枫其父朱云水是镇海当地著名渔商，渔业公会会长，家境富庶。她，28岁投身革命。她，把人民放在心中最高位置。她，进"禄"了？她，进了永远让人民尊敬和敬重的优秀共产党人名录！

今天，我们共产党人"高官厚禄""加官进禄"，新时期、新要求，就是：为官，要向焦裕禄靠进（近），要向焦裕禄那样，把人民放在心中最高位置，让人民厚禄不是一只花瓶。牢记：不可让诸葛亮再骂死人！（《三国演义》中"诸葛亮骂死王朗"一段中有句名言："庙堂之上，朽木为官，殿陛之间，禽兽食禄；狼心狗行之辈，滚滚当朝，奴颜婢膝之徒，纷纷秉政。"）

大将军蒙恬的鹿羊缘

秦朝第一将军蒙恬，由于出身将门，在秦始皇二十六年（前 221 年）做了秦国的将军，他率军大败齐国。秦国兼并天下后，他受命统领三十万大军，向北驱逐戎狄，收复黄河以南的土地。修筑长城万余里。在外十余年，驻守在陕北古城今天的绥德。这里地处边疆，鹿和羊成群。今天，在绥德的古宅院群，还能见有：门头彩绘有双凤木雕，马头戏曲将军，下有鹿羊图案，门匾“诗书门第”的老宅门。能把人带到那个朝代的故事中。

《太平御览》引《博物志》曰：“蒙恬造笔”。崔豹在《古今注》中也说：“自蒙恬始造，即秦笔耳。以枯木为管，鹿毛为柱，羊毛为被”。据考证，古时毛笔的品种较多，从笔毫的原料上分，就曾有兔毛、羊毛、马毛、鹿毛、麝毛、獾毛、狸毛、鼠须、虎毛、狼尾、狐毛、獭毛、胎发等；从笔管的质地来分，又有棕竹、鹿角、象牙、紫檀木、水晶、瓷等。

安徽省文房四宝协会名誉会长苏士澍先生的《笔之赞》中有：“仓颉仰承天地气，蒙恬巧结鹿羊缘”。我以为“蒙恬巧结鹿羊缘”，不只是造笔缘。

当年蒙恬定期上折给秦王，用竹签写字，蘸了墨没写几笔又要蘸，很不方便。一天，蒙恬看到了受伤的兔子尾巴拖出血迹，由此产生造毛笔的灵感！他先是用兔毛试制毛笔。进而利用鹿毛的坚挺做笔的毛柱，利用羊毛的柔软做笔毛被包在鹿毛外层，并经碱水浸泡等手法，制造了毛笔。而被奉为“笔祖”。这是蒙恬刚柔兼俱的鹿羊缘。

而他与秦公子扶苏在流放中的相助，这是蒙恬同舟共济的鹿羊缘。当然，他们对指鹿为马的赵高之流的迫害，逆来顺受，也被后人视为过于软弱。由此，后人有主张：“勿与鹿羊同行”，提醒后世处事，在个人利益之外的大是大非面前，不可软弱！

三十二条有“鹿”字的成语比喻

鹿与人类文明密切相关，我们来了解一下有鹿字的成语，这也是从另一个角度来认识。中国古代文明形成的“鹿”成语，我收集了 32 条，分一下类，大体上属于比喻形态、行为、心境、局势这四类。

属于比喻形态的，主要比喻慌乱、乐道、节俭、尊重、危急、愚笨、无知、警惕、飞快，它们有：

獐麇马鹿，比喻举动匆忙慌乱的人。

共挽鹿车（鹿车共挽），挽：拉；鹿车：古时的一种小车。旧时称赞夫妻同心，安贫乐道。

鸿案鹿车，比喻夫妻之间相互尊重，相互体贴，同甘共苦。

鹿裘不完，比喻简朴节俭。

鹿死不择音（鹿死不择荫），比喻只求能够安身，并不选择地方。指庇荫的地方。音，通“荫”。比喻只求安身，不择处所。亦比喻情况危急，无法慎重考虑。

蠢如鹿豕，豕：猪，蠢：愚笨。笨得像鹿和猪一样。

木石鹿豕，豕：猪。形容无知无识。

鹿伏鹤行，像鹿的那样潜伏，鹤的一样飞行。形容小心警惕的样子。

渴鹿奔泉，如同鹿口渴思饮，飞快奔赴甘泉一般。形容书法笔势矫健。也比喻迫切的欲望。

属于比喻行为的，主要比喻是非、专横、失误、冒险、草率，它们有：

指鹿为马（指鹿作马、以鹿为马），指着鹿，说是马。比喻故意颠倒黑白，混淆是非。

权移马鹿，指恃权专横跋扈，任意颠倒是非。

马鹿易形（马鹿异形），出自赵高指鹿为马的故事，比喻颠倒是非、混淆黑白。

覆鹿寻蕉（复蕉寻鹿、覆蕉寻鹿、复鹿寻蕉、覆鹿遗蕉、复鹿遗蕉），覆：遮盖；蕉：同“樵”，柴。比喻把真事看作梦幻而一再失误。

鹿皮苍璧，形容本末不相称。

铤鹿走险，指在无路可走的时候采取冒险行动。同“铤而走险”。指因无路可走而采取冒险行动。

即鹿无虞，原意是进山打鹿，没有熟悉地形和鹿性的虞官帮助，那是白费气力。后比喻做事如条件不成熟就草率行事，必定劳而无功。

蕉鹿之梦，蕉：同“樵”，柴。比喻把真事看作梦幻。

蕉鹿自欺，蕉，即枲（xi），是大麻的雄株，也叫枲麻。恍惚如梦的糊涂事儿，糊里糊涂，自己欺骗自己，就可以叫做“蕉鹿自欺”。

凿空指鹿，指凭空有意颠倒黑白，混淆是非。

属于比喻心境的，主要比喻惊慌、害怕、狡诈、粗心，它们有：

心头撞鹿（心头鹿撞），心里像有小鹿在撞击。形容惊慌或激动时心跳剧烈。

小鹿触心头，形容因为害怕而心脏急剧地跳动。

鹿驯豕暴，意指一会儿像鹿一样柔驯，一会儿像猪一样凶暴。形容狡诈。

三鹿郡公，三鹿：合起来是“麤”（粗）字。形容人的粗心大意。

属于比喻局势的，主要比喻政权、地位、亡国、执政、胜利、权势，它们有：

逐鹿中原（中原逐鹿），逐：追赶；鹿：指所要围捕的对象；中原，本来指我国黄河中下游一带，是中华民族的发祥地。现泛指整个中国。常比喻帝位、政权。指群雄并起，争夺天下。

群雄逐鹿，群雄：旧指许多有军事势力的人。逐鹿：比喻争夺帝王之位。形容各派势力争夺最高统治地位。

秦失其鹿，鹿：喻指帝位。比喻失去帝位。

鹿走苏台，比喻国家败亡，宫殿荒废。

标枝野鹿，标枝，树梢之枝，比喻上古之世的在上之君的恬淡无为；野鹿，比喻在下之民的放而自得。后指太古时代。

鹿死谁手，原比喻不知政权会落在谁的手里。现在也泛指在竞赛中不知谁会取得最后的胜利。

失鹿共逐，失：失去；鹿：指帝位；逐：追赶。失掉帝位，天下大乱，人人争着追逐。比喻失去政权后，天下大乱，各路英雄争夺帝位。

麋鹿姑苏，麋：鹿的一种。麋鹿行走闲游姑苏台。比喻亡国。

斩蛇逐鹿，斩杀蛇，追逐鹿。比喻群雄角逐，争权夺势。

远古的鹿，与自然适而繁衍

大约在 2.6 亿年前的二叠纪时期，在今天中国的四川峨眉山这一带，还是一片浅海。当时发生过一场规模空前绝后的玄武岩火山喷发。火山在瞬间释放出总体积高达 50 万立方公里，面积达 25 万平方公里的熔岩，直到今天，四川、贵州、云南等地还有大量的火山岩分布。这次火山大爆发，温度高达 700℃ ~800℃的巨量镁铁质熔岩瞬间大面积冲入海水，像冷水冲入热油锅引起的猛烈喷发，把巨量的火山尘埃和硫化物都喷射到大气的平流层，形成富含硫酸盐的“云层”。这些久久难以消散的硫酸“云”，遮天蔽日，阻挡了阳光又吸收了来自太阳的绝大部分热量，整个地球持续好久好久的暗无天日，短时期内出现全球性的急剧变冷。同时形成的酸雨，从而造成全球超过 90% 海洋生物和超过 70% 陆地的物种毁灭。

动物世界的“巨无霸”恐龙类群灭绝了。食物的缺乏加上连年不断的冰冻寒冷，恐龙只能依靠成群挤卧在一起来取温，但还是成群被冻死。每天巨量的食物需求无处寻找，不得不各自分头去寻找食物，每一只出走的，都再也没能回来。那些无论是顺产还是受到环境刺激而早产的恐龙蛋，失去了孵卵化成活的适宜温度，成群结片地成为了今天的恐龙蛋化石。

动物界中的食肉动物，艰难地迁徙到丘陵地带，深藏在山洞里取温，靠附近山边与冰川结合部食草动物为猎物，和动物的行尸臭肉维持生存。

动物界中的食草动物，主要寻找平原坡地以成群种出没。鹿类动物成种群集体迁徙，在今天中国的黄河两岸，当时是一大片丘陵和冰川平原，成为了鹿群集聚栖息地。面对食肉动物的无情猎食，鹿也只是蠕动一下，摔伤的、老弱的鹿自然成为受害的对象，但对整个鹿种群来说，这些猎食，并没造成重创。冰冻的气候才是最大的威胁。面对冰冻期，鹿类动物成群成片围卧在冰川比较薄而地热略强的地带，硬是靠自身的蠕压和体温，经过数万次甚至数批鹿群的坚持，终于溶出一小块沼泽地，进而出现小池塘，这时期鱼和草一样都是鹿类动物的充饥食物，鹿生吃鱼使得鹿毛长得比今天要更长更茂密，这一身的长毛，不但使鹿成群成片围卧在一起互相取暖，还成为摆脱食肉动物侵袭的障眼隐蔽物。

当人类学习到了对火的使用，并能用石器、木棍猎捕鹿时，鹿类种群已经比较繁盛了。

经过了许多万年，硫酸盐的“云层”等尘埃，受地球引力的影响，又都回落到地球，大地缓慢地见到了光线，又是好久好久，太阳出来了，在这过程中，冰川也慢慢融化，冰块渐渐北移，冰消退后的地面，最初成为苔原，溶冰的急流切割土壤，形成的河道。高度的润湿，刺激草木蓬勃生长，那些平原和森林中，以及河岸湖滨等处，都成为了鹿类和牛、羊、猪的出没地，山间和洞穴中，还是狮、虎、熊、狗等食肉动物。

人类也活跃起来了，人类已经不满足靠木棍和粗陋的石器，捕猎像鹿这类的较大动物，出现了彼此合作和集体生活。从天气的寒冷，人类就学习建造泥屋和茅舍。屋基是浅而椭圆形的地坑，四周围以圆石和大的兽骨，上面竖起柱子，柱子连接起来成为屋顶，在用树枝和鹿皮等兽皮加以覆盖。随着气候渐渐成为和今天相似，鹿等动物和人类的生存，大大缓和下来。人类创造出更高级的工具，原始猎人，可以借助箭，而不是斧、刀、尖嘴器来射取远距离的动物。那时，男子是狩猎者，也会驯养野生动物。在北方，人们所牧养的家畜是驯鹿。驯鹿进一步方便了人类的生活。鹿也就成为人类最早驯养的家畜。

“斩蛇逐鹿”漂流峡谷

“京北第一漂”在哪？不一定知道吧？《让子弹飞》影片的外景地知道吧？那天，我们数十位鹿友把机动车停在望京，乘上豪华大巴去那了！现今，让我开车去，我不会“铤鹿走险”的。

尽管漂流对我们都是第一次，加上一听说是要漂流过“让子弹飞”的峡谷，大家都跃跃一试。到达漂流起点后，鹿友们便“獐麋马鹿”匆忙慌乱地穿上泡沫救生浮衣，抢上划船的桨，拖着橡皮舟，下水了。

自由组合，两人乘一只舟。我们这样纯爷们组合的为数不多。泛舟入流后，看到那些男女搭配组合的舟船，宛如“鸿案鹿车”，两人相互尊重，相互体贴，同甘共苦，我油然产生了羡慕之情。说真的，我们对漂流真是“木石鹿豕”无知无识。没有同舟共济，互相帮助、体贴的意识和行动，必然是“即鹿无虞”白费劲！

由于峡谷河道上水的落差和盘石固守，漂流的舟，就像“鹿驯豕暴”，一会儿像鹿一样柔驯，一会像猪一样凶暴。面对急流险滩，还真有点“小鹿触心头”的感觉。

漂呀漂，我们漂进了远古的峡谷，望着远处山涧，先民荒废的生活遗址，有点“鹿走苏台”的伤感，而仿佛看到那“标枝野鹿”，又让人缅怀和奢望恬淡无为的远古部落……

恬淡是一种美，而当《呼伦贝尔大草原》《在水一方》的歌声唱响，我赞美这英雄的豪气和美人的柔情，就像这山和水相依相存，“共挽鹿车”，安贫乐道。这是天然、简朴、永恒的完美。

顺流而下，我们进入了一个看是平静的大漩涡区，不论先来后到的舟船，鹿友都参与了“打水仗”，十多只漂舟上人人争着追逐，大有“失鹿共逐”之势，但“鹿死谁手”？没人关心，大家真是尽情玩欢。那狂轰乱炸的泼水，远不只是“子弹飞”的密度，让每位都是湿漉漉的。

呵呵，想到我们是来“漂流”！不能“鹿皮苍璧”，本末不相称，成为来打“水仗”的呀，我和同舟的“爷”，退出战事，冲向诗和远方。我们也就成了“先锋舟”。漂流中，我们如“鹿伏鹤行”，有时像鹿一样潜伏在盘石间，有时是象鹤一样飞行在河流中，小心警惕地避险前行。当我们“先锋舟”面对着主流和支流河道时，走哪条道，我们俩人意见不相同了，我主张走主河道，但我们的舟船要从正朝着支流河道漂流，拖回转向主河道漂流，难度已经很大了！我们不会“蕉鹿自欺”，糊里糊涂，自己欺骗自己。只好顺流进入了支流的河道。

我们真不是“三鹿郡公”，一点也没有粗心大意。但是，我们乘的“先锋舟”翻了！水深不着底，开头还真像“心头撞鹿”，有点惊慌，真是“鹿死不择荫”的困境，情况危急，无法慎重考虑，我抓住岸边杂树伸延的树枝，在水中一上一下漂动着，同舟的鹿友正游向倒扣的橡皮舟，当我把拖鞋捆紧后，把裤袋里的手机放到救生衣袋里，我也游向被冲向下游的橡皮舟。我们俩都不会水里换气，就像河中两只昂着头的鹿，漂流过河似的，这真不是“蕉鹿之梦”，我们都没有把这真事看作梦幻，所以，我们没有失误，也没有丢失一件物品，连划船的浆也找回来，要不真要自嘲“鹿袭不完”了！

闯出了险滩，急流而下，真有“逐鹿中原”之感！而我们更是“渴鹿奔泉”，如同鹿口渴思饮，飞快奔赴甘泉一般，冲向漂流的终点目的地。

后来才知道，那里，有一场盛大的迎接礼仪，正等着我们……

嗷嗷待“补”的鹿雕塑

据西安晚报（2011年）报道，丰庆公园“母子鹿”雕塑破坏严重，母鹿脑袋不见了，现在却只剩下嘴部被破坏的小鹿还在“嗷嗷待哺”。知情的公园工作人员说，去年“母子鹿”雕塑就被破坏过，有人把母鹿的头扭丢失了。“我们发现雕塑被破坏后就进行了及时维修，但每次维修后不久又会被人损坏，最后实在没办法维修了只能收起来”。

我读后首先想的是：如何把坏事变为好事？

这一事情的报道，无疑成为一个鲜活事例，教育提醒了广大市民要珍惜公共设施，自觉维护公园景观。看到被破坏的小鹿雕塑“嗷嗷待哺”的照片，真能触动心灵，提升自觉呵护的意识。

当然，我们还要从深层次来思考问题。

从百姓来看，丰庆公园的这一鹿雕塑，不能收起来就了事！百姓们也在嗷嗷待“补”呀！新补的“母子鹿”，可以更富有创意、立意嘛！十年前我在中国美术馆参观一个国外油画展，我至今只记得一幅画，作者的名字倒没记住，画的是：夕阳下，山坡边，四周清野，青青草茫茫山，晚霞蔽蓝天，母子鹿相惜依着，母鹿直挺着与狼搏斗后鲜血淋漓的腿，耸着双耳，双目炯炯有神环视远近，小鹿甜甜地在吸母鹿奶……我久久没能移动眼光，陷入沉思品读中。现今试想看，如果是这样的雕塑，寓意更深，教育更有感染力，而且应该能让游客发觉：面对这样的“母子鹿”，只会拍照这母子鹿的感人情景，而不便去合影而打扰了吧？

从设施来看，公共设施总要损耗的。减少损耗也还可以建座高台，把雕塑置于台上。当然，也少不了要设立定期维护、更新的计划安排，以免损坏后，却为维护经费和人力不足而捉襟见肘。

在中国，令人难忘的雕塑不多，令人难忘的鹿雕塑更少。鹿雕塑，对于鹿文化的爱好者，更是巴望着市长和雕塑家，嗷嗷待“补”呦！

鹿，最早的爱情信物

想过吗？你会送什么样的爱情信物给心上人，什么样的爱情信物能让你难以忘怀。有人说有代表性的爱情信物：五十年代是杯子（水杯）、六十年代的是本子（笔记本）、七十年代是表子（手表）、八十年代是车子（自行车）、九十年代是金子（金戒指）、如今是房子（住房）。真是这样，还真是与时俱进呀。

而追溯人类早期的爱情信物，鹿则是很有代表性的。

人类早期的爱情信物是随手可得的东西，具备实用性，而且不需要对方精心保存。比如，他们选动物。胡适先生说："初民社会中，男子求婚于女子，往往猎取野兽，发给女子。女子若收其所献，即是允许的表示。"古老的爱情信物，就像那时的爱情一样，朴实无华。在人类原始时期，男子就是猎人，鹿类动物也非常繁盛，就像今天的羊群一样与人类共处，猎人用石器或骨匕首、蚌贝刀就能猎杀到鹿，鹿也成了人类最早圈养的家畜。先民的长期猎杀食用，不但减少了鹿群，也使鹿群视先民为"敌人"而远离先民，这又逼急了先民，发明箭来射鹿，鹿群便更为远去，这是后话。

鹿，怎么就成为爱情信物，后来又有什么演化呢？

初民社会的人类，生存和繁衍是生活主题，鹿是"随手可得"的主要肉食品、御寒“皮衣”，也是生殖崇拜的信物。男子猎鹿并作为爱情信物献给心爱的女子后，活鹿可以圈养，有生活情趣，又是可储备又可长膘的食物；杀死的鹿，肉可充饿，皮可御寒。随后又可再猎捕。鹿，“具备实用性，而且不需要对方精心保存”。

后来，鹿也少见了，也难以猎捕到了，古人就用制作的鹿角梳子、鹿骨梳子替代为爱情信物。鹿骨（角）梳子，除了带给人头皮的保健，还使头发健康美丽的实用功效之外，梳子代表相思，代表很想念很牵挂对方；梳子还寓意把心结打开，让烦恼一扫而过；送梳子有订终身白头偕老的意思，每天用爱人送的梳子梳理头发，代表着双方的亲密关系。古人对头发的重视使梳子成为重要随身物品，有了“七夕”传说后，木梳子便成为相爱的人赠送的爱情信物传承千百年。而木梳的鼻祖就是先民发明的爱情信物——鹿骨（角）梳子。

《诗经》的《卫风·木瓜》中，就有爱情信物的出现：“投我以木瓜，报之以琼琚。匪报也，永以为好也”。大意是：你将木瓜投赠于我，我拿玉佩作回报。不是为了答谢你，珍重情意永相好。我研究认为：这“木瓜”应是“木梳”，汉字源于象形，由于实物梳子形如“瓜”字形，在传抄中，把“梳”误成“瓜”了。

在这里，木梳、玉佩均是爱情信物。看似价值并不相当的木梳与玉佩，但珍重的是心心相印的爱情，是精神上的契合，因而回赠的信物及其价值的高低实际上也只具有象征性的意义。

先秦时期，玉被认为具有仁、智、义、礼、忠、信，这些足以与君子相媲美的道德节操。在古代，玉，不仅是君子的象征，也是表达爱情的信物，这也是玉鹿多有传世的原故。

动画《九色鹿》的新闻与旧闻

2011 年 8 月 15 日，中国动画专业创始人钱家骏因病逝世，享年 95 岁。其代表作有《乌鸦为什么是黑的》《一幅僮锦》《牧笛》和《九色鹿》，他还是中国首部水墨动画《小一虫蝌蚪找妈妈》的技术指导。

媒体报道的标题主要有：动画片《九色鹿》导演钱家骏病逝、美术电影泰斗钱家骏去世曾创作《九色鹿》的经典、“九色鹿”之父钱家骏病逝、追忆“九色鹿”之父动画泰斗钱家骏。我注意到媒体记者记忆、关注、传导钱老代表作品首选倾向为《九色鹿》，它代表着最高认可度。还因为，30 年前（1981 年），一部动画电影《九色鹿》几乎家喻户晓，动画中九色鹿的善良和超凡能力，给过去和今天无数孩子带来了欢乐的童年记忆。

了解钱老经历和贡献的人们，都敬仰他低调、敬业。九色鹿，“跺脚”为波斯商人开山辟路，“体温”救活被风从树上刮落地的群巢雏莺，“远足”带整群动物到百花盛开蝶纷飞的栖息地，“触水”救起弄蛇人……做了好事许多，也低调。钱老与之有点像吧！

缅怀钱老，我又看了重温一遍这部由上海美术电影制片厂于 1981 年制作的国产动画片。这片的片头有：“编剧潘洁兹（根据敦煌莫高窟 257 洞内壁画《鹿王本生》故事改编），导演钱家骏、戴铁郎”（笔者注：

戴铁郎是钱老的学生,《黑猫警长》导演)。

动画片《九色鹿》故事梗概:

古代，在荒无人烟的戈壁滩上，波斯商人的骆驼队因遇风沙袭击而迷路，忽然出现一头九色神鹿给他们指点方向。九色鹿又回到了林中，听见有人呼救。原来一个弄蛇人在采药时不慎落水。九色鹿急忙将他驮上石岸。弄蛇人感恩不尽，九色鹿只求他别将遇见它的事告诉别人，弄蛇人连连答应，还对天起誓。波斯商人到了古国皇宫，与国王谈起沙漠中的奇遇，谁知王后听了，执意要取九色鹿皮做衣裳。国王无奈，张贴布告：捕到九色鹿者给予重赏。弄蛇人见利忘义，向国王告密，并设计将九色鹿引入包围圈。当他假装再次落水，神鹿闻声赶来救他时，守候的武士们就万箭齐发。谁知九色鹿能发出神光，利箭都被化为灰烬。九色鹿向国王揭露弄蛇人忘恩负义的丑恶行为，国王深为不安。弄蛇人吓得胆颤心惊，连连后退，跌进深潭淹死，恶人终究得到应有的惩罚。

这部片子，从人物形象和用色上都给观众感觉到了一种异域风情。此片采用了敦煌壁画的形式，具有中国古代佛教绘画的风格。而弄蛇人忘恩负义后的丑恶嘴脸，和九色鹿安详的神态和神圣的威慑力，给人留下了深刻的印象。1985 年获水墨动画片制作工艺国家文化科学技术一等奖，1986 年在加拿大汉弥尔顿国际动画电影节上获特别荣誉奖。

上“京酱鹿肉丝”与压猪肉价

京酱肉丝是一道美味下饭的家常菜，关于它还有一个充满亲情的故事：

1930年前后，在北京前门一个人杂院里，住着一个做豆腐的陈老汉，和唯一的孙子小狗子相依为命，靠做豆腐换点钱，祖孙俩艰难为生。陈老汉做豆腐的手艺精湛，买好大豆还要精挑细选，挑剩下的就做成豆酱，洗、泡、磨、煮一套下来是一丝不苟，因此他做的豆腐受到大家的欢迎，连王府井烤鸭店的采买师傅也慕名前来买陈老汉的豆腐。有一年的大年三十，陈老汉买了1斤多猪肉，爷俩准备包顿饺子吃，可是孙子小狗子却提议吃烤鸭，让陈老汉很为难，“全聚德”烤鸭店也在前门，可买烤鸭那是买不起的，看着小孙子难过的样子，陈老汉很着急。想来想去他对小狗子说：“你在屋里等着，不许出来，爷爷给你做烤鸭吃。”于是他把猪肉挑出瘦的，切成很薄的片，下锅炒并放豆酱炒好，没有面饼还有点豆腐皮，切成方块，照猫画虎就做好了“烤鸭”，小狗子用豆腐皮卷着大葱和“烤鸭”吃的那叫一个香，就别提多高兴了，爷俩度过了一个幸福的春节。这就是最初的“京酱肉丝”。

如今，有食家推陈出新了一道：京酱鹿肉丝，不仅保留了京酱肉丝酱香浓郁、肉丝细嫩的口感，而且用鹿里脊肉代替了猪肉。众所周知，鹿肉营养价值比牛、羊、猪肉都高，蛋白质、磷脂、维生素 B12 及氨基酸含量都高于牛肉，而脂肪、胆固醇的含量则显著低于牛肉。鹿肉这种高蛋白、低脂肪和低胆固醇的优质结构，正是目前健康饮食所倡导的。鹿里脊肉，滋味清淡，纤维较细，营养丰实，味道鲜美，是柔嫩易消化的滋养品。我国传统中医学认为：鹿肉“补脾胃，益气血，补助命门，暖腰肾”。鹿肉还具有防治心悸、失眠、健忘、和风湿的功效，吃鹿肉还可以提高人体代谢强度和抵抗力。所以京酱鹿肉丝，好吃的同时，更能收到温补的效果，是一道不错的美味养生菜。

这让我联想到最近打压猪肉价格这件事。现在每斤的零售价：猪肉里脊肉是 20 元，羊肉是 24 元，牛肉是 26 元，有机鹿肉是 59 元；而猪肉脯是 35 元，牛肉干是 87 元，有机食品风干鹿肉是 240 元。如果牧鹿业进一步发展（1990 年全国养鹿存栏数 25 万 ~ 30 万头，2004 年 55 万头，2007 年 20 万头左右，2010 年 60 万头左右），并做好科学引导消费，有机鹿肉价格还会大幅下降（有望在每斤 30 元至 40 元）。从而使鹿肉可持续地分流中产阶层对猪肉的消费需求。从长远看，这也有利打压猪肉价格上涨过快吧！

鹿造“尘”字

最近，得一通“韩佚麈信牋”，旧信牋上有民国名人、思补居士韩佚麈（尘），自己书写的名字集联：“寒梅，冰肌幽佚，吉梦其昭苏；郎谷，百历垢麈，人寿可乃全。”意思是：寒冬的梅花，通体冰透，幽闲窈窕，仙姿美丽，给你好梦又不让你沉迷梦中；盛夏的稻谷，颗粒充实，营养丰富，芳香怡人，是历经无数的浊流灰土，看是脏，但可保全人的健康长寿。由名字的撷联中的“麈”字，想到可以说说鹿造了汉字中的“尘”字。

鹿，在大自然中通常是匀速前进，当一大群的鹿，在晴天成群行走时，便会踏起极细小颗粒的土，飞扬在鹿群的过路上。而当鹿群遇到狼群的惊扰或猎人的追赶时，便会来一阵猛跑，发出惊天动地的巨响，扬起满天的尘土，打破原野的宁静，在本来沉寂无声的大地上展开生命的角逐。就这样，古人记录了这一现象，开头，甲骨文“尘”字就是：下一横，在横的中部上有一竖，一竖上画一只鹿。后来，就有了异体会意字，篆书之形是一大两小三头鹿（“麤”）和下面的“土”，表示鹿群奔跑，把蹄下的土踏飞后扬起细微土粒，令人屏气闭目。这也让人想到春秋列国战事纷起的东征西讨马蹄飞扬，而到秦时期则尘埃落定。再后来隶、楷书只是一头鹿奔跑扬起尘土，“塵”。《说文·鹿部》“塵”，从“鹿”从“土”，“鹿行扬土也”，表示鹿群行扬起尘土的意思。汉字简体字从小、从土，表示微小的泥土是尘。本义是飞扬的细土。

在五千年的中华文化时空里，汉字经久飞扬，鹿扬起尘，尘裹着鹿，一路风尘，一路“寒梅”“郎谷”。汉字，就这样神美！

会 鹿

万阶天梯上雾峰，晨光九色藏林中。
一壶双清满山翠，半杯水面看香浓。
敬上安溪铁观音，迎来古道大红袍。
标枝野鹿拂轻风，卷书携琴抚涛松。

这首诗，腹稿有些年了。诗的灵感是：我坚持多年背上功夫茶具和装有开水的保温桶，上香山香炉峰泡茶怡情养生；去年春节前，寻访武夷山古茶道。

万阶天梯上雾峰，晨光九色藏林中。写的是：清晨登香山、走武夷山古茶道，所悟见的山景。

一壶双清满山翠，半杯水面看香浓。写的是：茶壶泡好的茶汤倒出壶嘴时，想到和从茶盏中闻到、看到的水景。

敬上安溪铁观音，迎来古道大红袍。写的是：在山林中用喜爱的两大名茶会鹿、引叙的心景。

标枝野鹿拂轻风，卷书携琴抚涛松。写的是：以鹿、琴、书为伴，怡心、陶情、养生的情景。

鹿身有角的风神

中国古代神话传说有风伯雨师，三皇五帝神话中，在黄帝战蚩尤时，风伯、雨师被蚩尤请来，兴起大风雨，蚩尤依仗风伯、雨师呼风唤雨的本领，九战九捷，将黄帝逼至泰山。依靠发明的指南车，黄帝的部队终于在风雨中找到了正确方向，战胜了蚩尤，降伏了风伯、雨师。后来，黄帝出巡时，总是雷神开路，风伯扫地，雨师洒水。风伯的主要职责，就是掌管八面来风的消息，运通四时的节日气候。

在秦汉时期，对风伯、雨师的祭拜开始被帝王列入国家的祭典。人们年年朝拜风神、雨神，祈祷风调雨顺、五谷丰登。风伯即指风神，是中国神话中的神兽，又称风师、飞廉、箕伯等等。文献称飞廉是鸟身鹿头或者鸟头鹿身。中国古代的风神崇拜起源较早。《周礼》的《大宗伯》篇称："以燎祀司中、司命、风师、雨师。"郑玄注："风师，箕也"，意思是"月离于箕，风扬沙，故知风师其也。"东汉蔡邕《独断》则称："风伯神，箕星也。其象在天，能兴风。"箕星是二十八宿中东方七宿之一，此当以星宿为风神。另外，楚地亦有称风伯为飞廉的。屈原《离骚》有句称"前望舒使先驱兮，后飞廉使奔属。"晋灼注飞廉曰"鹿身，头如雀，有角而蛇尾豹文。"高诱注蜚廉曰"兽名，长毛有翼。"此当以动物为风神。

古人从快疾的鹿身、有角，又从快飞动物的雀头、飞翼，用地上跑最快、天上飞最快的动物，来组合展露“风”的特型，真是神来之手！

唐宋以后，风神逐渐被人格化，有风母、风伯等说法，以风伯之说流行较广。其形象为一白须老翁。方天君《集说诠真》引《事物异名录》曰：风神名巽二，又名风姨，又名方天道彰。今惜塑风伯像，白须老翁，风伯左手持轮，右手执扇，若扇轮状。称曰风伯方天君。清《历代神仙通鉴》有：风伯与蚩尤共师一真道人，修炼于祁山。《风俗通义》的《祀典》称，风伯“鼓之以雷霆，润之以风雨，养成万物，有功于人。王者祀以报功也”。风伯神诞辰之日为十月初五日，民间常以狗祭风神。

寒食节溯源话“赐禄”

寒食节是中国古代民间的传统节日，时间是清明节的前一天，或前二天。在这一天，禁止烧火做饭，也不准燃烛点灯，只能吃事先准备好的凉菜冷食，所以俗称寒食。这个流传久远的节日，追溯其源头，与晋文公的“赐禄”有直接的关系。

春秋时期，晋国的公子重耳，因皇室内讧而出奔外逃，跟随他一起流亡的有狐偃、介子推、魏武子等五人。在一年多的逃亡生活中，介子推精心服侍着重耳，受尽千辛万苦。后来，在秦国的帮助和支持下，重耳返回晋国，并登上国君宝座，称晋文公。在给跟随他逃亡的患难者赐禄、封官的时候，晋文公把介子推遗漏了。原因是介子推从来没有在晋文公的面前提及“禄”事情，所以“禄”也就没有赏赐到他头上（《左传》：“介子推不言禄，禄亦弗及。”）。大概是对晋文公给共患难者赐禄、封官不公平的怨气，介子推在大骂有些获禄、封官之臣是“贪天之功以为己力”后，携带年迈的老母亲不辞而别，到绵山（在今山西省介休县城南二十公里，又称介山）山上过隐居的生活。

介子推的随从为此感到愤愤不平，就写了一张条幅悬挂于宫门：“龙欲上天，五蛇为辅，龙已升云，四蛇各入其宇。一蛇独怨，终不见处所”（《史记·晋世家》）。晋文公见到了这条幅，知道自己给共患难者赐禄、封官遗漏了介子推，于是立即四处寻访介子推的下落。当知道介子推在绵山隐居后，使派人满山遍野地找，但始终没有找到。最后，放火焚山，想逼使介子推出山。可当大火燃过，发现介子推护抱着老母亲，被烧死在一棵大树下，晋文公痛心不已，为了弥补自己的一再失误。晋文公便把绵山中的一块土地赐封为介子推的禄田。后人为纪念介子推，在每年这一天禁止生火，只吃冷食。

晋文公给共患难者赐禄、封官的风波，让人们不难悟到：言及禄之人，自然想得禄；不言禄者，其实不见得不应赐禄。对赐禄（委官）者来说，应当尽量做到公道周到。既注重人尽其材，又看重业绩贡献，既关心默默无闻者，又正视毛遂自荐者，既讲对提拔要讲风格，又不让老实人吃亏。

《周礼·天官·大宰》上说：“禄位，所以驭其士。”明确指出禄（官）位是驾驭士人的一种手段。从在其位才好谋其政，名正则言顺而论，当今授官用人，也是调动德才兼备的人才任官为民的一种手段。组织人事部门只有秉承“权为民所用”并公道周到，才不会给人民事业留下“老鹤乘轩”的祸患。

黄粱美梦瓷鹿枕

“黄粱美梦”，是沈既济《枕中记》的故事。

有个居士名叫卢生，在邯郸的道观借宿，结识道士吕翁。卢生感慨人生多艰难，自叹穷困贫贱。吕翁言道：顺乎自然，安静乐道。见卢生还是思“禄”心切，吕翁就借给他一个上面有鹿纹的青瓷枕，叫卢生一枕入睡试试。卢生感激涕零。这时，道观里的黄米饭刚蒸上锅，还没到晚上，卢生落枕便睡。梦中他出将入相，位至公侯，还娶妻生子，高官厚禄，享尽荣华富贵。悠悠四十年，弹指一挥间，一晃而过。梦醒之后，黄米饭都还尚未蒸熟起锅，卢生才知道这梦里的一生福禄，还不到蒸一顿黄米饭的工夫。

这就是“黄粱美梦”的来历。后人就把卢生黄粱美梦的地方叫做黄粱村（在今河北省邯郸市附近）。黄粱村修有卢生殿，殿内有一个用青石雕刻的卢生睡卧像。只见他头落在青瓷枕，双腿微弯曲，神态安然，恰似正在梦中享受着福禄富贵。游人指指点点，说长话短，或品头论足，或铺陈旧事，最后总要把话题和目光集中到长方形青瓷枕。

这鹿纹青瓷枕，怎么这么好入梦？原来，青瓷枕的材质冰凉，在这夏日没有空调和风扇，头枕着冰凉枕，自然是全身爽凉好入眠。道士吕翁的这一只青瓷枕，不是自己的用枕，而是用来借人，用于布道，给像卢生这样感慨人生者心理治疗之用。可不，卢生求“禄”，见道士借他鹿纹青瓷枕，自然想到：“鹿”寓“禄”，道士要助他能获禄脱贫。而当睡梦醒来，能不觉悟：“顺乎自然，安静乐道”才是求“禄”之大道吗?

没有记载道士吕翁这青瓷枕，借给多少人用过，但有诗为证，想借这鹿纹青瓷枕的有人。卢生祠存有诗写道：“四十年中公与侯，虽然做梦也风流。我今落魄邯郸道，要向先生借枕头”。清代四川籍诗人王鲁之也曾六宿黄粱村，并有诗“明知身世总邯郸，尚有人求梦里官。枕头若是许人借，祠前车马似长安”。

鹿衔草的得名

传说，有个樵夫到山上砍柴，碰到一只老虎正追杀一群梅花鹿。护群的老鹿被追迫得靠近不了小鹿，小鹿急得四处逃窜呦呦叫。眼看老虎就要追上一只小鹿，小鹿叫的声音更凄惨。樵夫的善心不能容忍了，他抽出了砍柴刀，冲向前拦住老虎，并砍劈了起来。老虎扑上来，撕咬樵夫，勇敢的樵夫奋力砍向老虎，终于劈死了老虎，救出了小鹿。樵夫自己也倒下了，他那被老虎撕开的伤口，哗哗地往外淌血。

被救的鹿群回来，看到昏迷不醒的樵夫，都用鼻子去嗅他。小鹿连连叫了几声，跪在地上淌眼泪，一声叫得比一声更伤心。几只老鹿同情地跑开了，过了会的功夫，又赶了回来，一只只鹿嘴里都衔有青草，有的鹿将草嚼碎敷在樵夫的伤口上，有的衔草放在樵夫的鼻子底下。流血终于被止住了，樵夫活过来了。

从此，这草的功效和“鹿衔草”的得名，就被樵夫讲的故事，一传十，十传百地传开了，这“鹿衔草”，还有一个名字，叫鹿蹄草。它生长在山坡上，有时一个山坡全是这种草，梅花鹿最喜欢吃它。

据考察，茸鹿养茸时选择的栖息环境，植被中一般有：半夏、沙参、天南星、桔梗、鹿衔草、鹿茸草、鹿耳草、蒲公英、黄连等植物，长得很茂盛，且多被茸鹿采食过。这些植物，是中草药中具有清热作用的。这也帮我们了解食物和长茸及鹿茸药理之间的关系。

古代先民的歌唱中有："呦呦鹿鸣，食野之苹。"唱的是：鹿在看到山坡一片喜欢的食草，便积极"呦呦"鸣叫相呼其同伴与之共享。这也唱出了：鹿在得到美草，从不独自霸食，而是与鹿群共享的美德。

年画《麒麟送子》来历

《麒麟送子》图：分别绘画两个骑着麒麟的童子，有一童子右手拿着一面写有“麒麟送子”字样的小旗，左手握着毛笔；另一童子左手拿着一面写有“状元及第”字样的小旗，右手执着如意。寓意瑞兽送来贵子，长大成为贤良能臣。这一对年画的来历是个民间故事。

相传，有一位民间画艺人，年逾五十了还没有儿子。他听乡里私塾先生称麒麟为瑞兽，主送贵子，便每天画一张麒麟画像张贴在家中。

麒麟是中国古代的祥瑞鹿神化，它全身鳞甲，牛尾、狼蹄、龙头、独角，威武而无害，是仁慈和吉祥的象征。古代“圣迹图”载有：孔子降生的时候，见麒麟吐玉书，意即太平盛世降临。因此后人有“麒麟送子”之说。

这位民间画艺人每天画一张并张贴，不出几个月，满屋子的墙壁到处是麒麟画。一天夜里，他梦见麒麟驮着一位小儿走进画室，那小儿还朝他笑了笑，他非常高兴，不觉笑醒。梦中小儿形貌历历在目，十分清晰。画师立即起身到画桌前握笔展纸，描绘出了麒麟送子画图。恰巧老婆有孕，第二年生下一小儿，形貌竟与梦中所见的相差无几，便取名为林童，林谐音“麟”，林又取“灵”之意，灵双关灵验与机灵。林童，果然很“灵”，幼小能诗会画，聪明过人。

消息传开，无子者盼望麒麟送子，有子者亦望再生贵子，都来求画艺人的《麒麟送子》画，一时门庭若市，供不应求。画艺人便精选梨木刻制板块，用制作年画的方式来制作《麒麟送子》画，以后乡里人家每到过年，也将此画贴在新婚和求子的夫妻卧室的房门，《麒麟送子》年画作为院内房门年画张贴的习俗，由此产生。

有“鹿”字成语的出处与形成

成语（英语 idiom，phrase）是汉语词汇中特有的一种长期相沿习用的固定短语。来自于古代经典或著名著作历史故事和人们的口头，意思精辟，往往隐含于字面意义之中，不是其构成成分意义的简单相加，而是具有意义的升华和整体性。它结构紧密，一般不能任意变动词序，抽换或增减其中的成分，具有结构的凝固性。其形式以四字格居多，也有少量三字格和多字格的。成语是中国古人给我们后人留下的巨大而宝贵的文化遗产。

古人由对鹿的观察认知而形成成语。鹿是人类圈养最早的家畜，猎鹿也一直是古人的生产劳动或嗜好，在圈养、狩猎中，人类观察认知了鹿的一些特征、特性，进而引伸组词，当完成从口语到文字的记载、规范、传承，这也就成为了一些有“鹿”字的成语。这类成语有：鹿死不择音（古人发现，鹿到了快要死的时候，不选择地方，也不管安静与否）；蠢如鹿豕、木石鹿豕、鹿驯豕暴（古人从对自然界鹿与猪共处、共游和家养鹿、猪的观察中，看清了鹿灵巧型态与猪的巨大反差）；鹿伏鹤行、渴鹿奔泉、铤鹿走险、标枝野鹿（由来于古人观察到鹿的野生行为、状态）。

古人由对汉字的研究形成成语。三鹿郡公，汉字“三鹿”合起来是“麤”（繁体字粗）字。三鹿为犇，古书载有“戏之曰：‘三鹿为麄，鹿不如牛；三牛为犇，牛不如鹿。’”。

古人由使（用）鹿而形成成语。古人对在养鹿、用鹿中遇到的事，经过对典型的记载、记叙和提炼，也形成了一些有“鹿”字的成语。獐麇马鹿（据古书载有“盖四物善骇，见人则跳跃自窜”）；共挽鹿车（据古书载有“妻乃悉归侍御服饰，更著短布裳，与宣共挽鹿车归乡里”）；鹿裘不完（古人取鹿皮为“衣”，皮毛一体，虽然原生态，但自然是不能完整）；指鹿为马（典故说的是：赵高让人牵来一只鹿，满脸堆笑地对秦二世说：“陛下，臣献给您一匹好马”）；鹿皮苍璧［据古书载有“上（汉武帝）与汤（张汤）既造白鹿皮币，问异（颜异）。异曰：‘今王侯朝贺以仓璧，直数千，而其皮荐反四十万，本末不相称’”］；失鹿共逐（圈养的鹿跑出圈围了，要活的鹿，古人便倾巢出动，都去追围）。

古人取于古籍著作中的文句提炼形成的成语。獐麇马鹿［出处《西湖志余》（卷二十五）“杭州人言举止仓皇者曰獐麇马鹿，盖四物善骇，见人则跳跃自窜”］；鸿案鹿车（鸿案，出处《后汉书·梁鸿传》载有梁鸿之妻举案齐眉的故事，后用以指夫妻相敬如宾。鹿车，出处《后汉书·鲍宣妻传》载有鲍宣与妻子共同驾鹿车归乡的故事）；鹿死不择音（出处《左传·文公十七年》：“‘鹿死不择音。’小国之事大国也，德，则其人也；不德，则其鹿也，铤而走险，急何能择”）；蠢如鹿豕（出处《孟子·尽心上》：“舜之居深山之中，与木石居，与鹿豕游”）；木石鹿豕（出处《康塘三瑞堂记》：“城北十里余许，有名康塘者，山川佳胜，木石鹿豕，可纵居游，诚高蹈之墟、君子之居也”）；即鹿无虞（出处《周易·屯》：“即鹿无虞，惟入于林中；君子几，不如舍，往吝。”）；心头撞鹿（出处《水浒传》第一〇一回：“王庆看到好处，不觉心头撞鹿，骨软筋麻，好便似雪狮子向火，霎时间酥了半边。”）；鹿驯豕暴（出处《元赠开府仪同三司上柱国录军国重事江西等处行中书省丞相追封咸宁王谥忠肃星吉公神道碑铭》："四年二月，改湖广等处行中书省平章政事省，控治五溪洞蛮，土酋鹿驯豕暴，变幻百出，每视省臣臧否以为叛服"）；三鹿郡公（出处《云仙杂志·三鹿郡公》引《幽燕记》："袁利见为性顽犷，方棠谓袁生已封三鹿郡公，盖讥其太粗疎也"）；群雄逐鹿（出处《史记·淮阴侯列传》："秦失其鹿，天下共逐之"）；标枝野鹿（出处《庄子·天地》："至治之世，不尚贤，不使能，上如标枝，民如野鹿"）；麋鹿姑苏（出处《史记·淮南衡山列传》："臣闻子胥谏吴王，吴王不用，乃曰臣今见麋鹿游姑苏之台也"）。

古人取于历史故事形成的成语。

共挽鹿车

渤海人鲍宣的妻子姓桓，字少君。鲍宣曾经跟随少君的父亲学习，少君的父亲惊讶于鲍宣能守清苦，所以把女儿嫁给他，并送了他许多嫁妆。鲍宣不高兴，对少君说："你生在富贵人家，习惯于穿好衣服、佩戴美饰，可是我家很贫穷，恐怕我们不合适。"少君说："我父亲因为先生修德守约，故让我来为你侍巾持栉。既然奉承先生，当唯命是从。"鲍宣笑着说："这才是我的志向。"妻子于是脱去身上的服饰，换上了一身粗布衣裳，和鲍宣一起拉着鹿车来到乡里（与宣共挽鹿车归乡里），拜谢了鲍家的长辈，提着水瓮出去打水，做新媳妇应该做的事，被家乡人称赞。

鹿裘不完

东汉的虞延身材高大，力能扛鼎。他年轻时做过亭长，任职期间不畏权势。有一次，权臣王莽宠妾魏氏的一个宾客犯法，他率吏去捉拿，因此得罪了权贵，一直得不到升迁。虞延后来弃官回到家乡，当地太守富宗敬仰他的名声，请他做太守府的总务长。富宗穷奢极侈，滥用公款，虞延看不惯，劝他说：“从前，齐国的大夫晏婴辅助齐灵公、齐庄公、齐景公三代国君，地位显赫，但他为官清廉，鹿裘不完。季文子做鲁国鲁宣公、鲁成公、鲁襄公三代宰相，但他让自己的老婆穿粗布衣服，他家的马只喂草，不喂粮食。你现在这样浪费钱财，追求享受，要当心啊！”富宗听了很不高兴，拒不接受。虞延见他不肯改过，就辞去了总务长的职务。

不久，富宗因挥霍公款被上面查办，判了死刑，临刑前流着眼泪叹息道：“我真不该不听虞延的忠告啊！”

指鹿为马

秦二世时，赵高野心勃勃，日夜盘算着要篡夺皇位。可朝中大臣有多少人能听他摆布，有多少人反对。他心中没底。于是，他想了一个办法，准备试一试自己的威信，同时也可以摸清敢于反对他的人。一天上朝时，赵高让人牵来一只鹿，满脸堆笑地对秦二世说：“陛下，臣献给您一匹好马。”秦二世一看，心想：这哪里是马，这分明是一只鹿嘛！便笑着对赵高说：“丞相搞错了，此乃鹿也！”赵高面不改色心不慌地说：“请陛下看清楚了，这的的确确是一匹千里好马。”秦二世又看了看那只鹿，将信将疑地说：“马的头上怎么会长角呢？”赵高一看时机到了，转过身，用手指着众大臣们，大声说：“陛下如果不信我的话，可以问问众位大臣。”

大臣们都被赵高的一派胡言搞得不知所措，私下里嘀咕：这个赵高搞什么名堂？是鹿是马这不是明摆着吗！当看到赵高脸上露出阴险的笑容，两只眼睛骨碌碌地轮流盯着每个人的时候，大臣们忽然明白了他的用意。一些胆小又有正义感的人都低下头，不敢说话，因为说假话，对不起自己的良心，说真话又怕日后被赵高所害。有些正直的人，坚持认为是鹿而不是马。还有一些平时就紧跟赵高的奸佞之人立刻表示拥护赵高的说法，对皇上说，“此乃千里好马也！”

事后，赵高通过各种手段把那些不顺从自己的正直大臣纷纷治罪，甚至满门抄斩，杀尽全家。

蕉鹿自欺

有一个郑国人，一天在野外砍柴，忽见一只鹿慌忙地跑过来，大概是被猎人追得急了，也许还受了一些伤，跑得不太快。这人乘机赶上去，一扁担将它打死了。他怕猎人追来发现，就把死鹿藏在一个洼坑里，“覆之以蕉”（盖上一些大麻），这样藏好以后，就若无其事地继续砍柴。

天快黑了，并没有什么人来，他很高兴，就准备把死鹿连同砍得的柴，一块挑回去。可是，这时他忘了死鹿藏的地方，只记得那上面是覆盖着大麻的，找来又找去，到底没有找到。

最后他想：“恐怕我根本并没有打到过什么鹿，也根本并没有把它藏在什么大麻下面，一定是我做了这么一个梦罢了！”

小鹿触心头

明朝时期，书生王杰因为卖姜人说他小家子相而大打出手，把卖姜人打翻在地，事后他赶忙把他扶到家里，好酒好饭地伺候，还打发他一匹白绢。卖姜人高兴地走了，可是死在过渡的船上。船夫跑来把情况一五一十地告诉王杰。王杰就像小鹿儿心头撞。

秦失其鹿

公元前 206 ~ 公元前 202 年，楚汉之争，刘项相持不下。蒯通劝说当时作为刘邦大将的韩信自立，形成三足鼎立之势，韩信感念刘邦的恩德没有听取蒯通意见。刘邦灭了楚国之后登基为帝，以种种借口诛杀韩信。后来听说蒯通劝韩信自立的事情，于是召来蒯通问罪。蒯通说：“秦朝失去统治地位，天下所有的英雄都在抢，只有才能高有能力的人得到了（秦失其鹿，天下共逐之，疾足高材者得焉）。当时我的主人是韩信，我就一心一意替韩信着想。再说了，当时想做陛下做的事情的人多了，难道要全部杀掉吗？”刘邦一听，感觉他说的对，就把蒯通释放了。

鹿走苏台

西汉时期，淮南王刘安想当皇帝，在东宫召见伍被一起议事，封伍被为将军。伍被说：“王安得亡国之言乎？昔子胥谏吴王，吴王不用”乃曰：“臣今见麋鹿游姑苏之台也。今臣亦将见宫中生荆棘，露沾衣也。”刘安不听劝阻，结果叛乱失败。

鹿死谁手

东晋时代，十六国中后赵的开国皇帝名叫石勒。有一天，他设宴招待高丽的使臣，喝酒喝得欲醉的时候，他大声地问臣子徐光道："我比得上自古以来的哪一上君王？"徐光想了一会儿说："您非凡的才智超过汉高祖（刘邦），卓越的本领又赛过魏太祖（曹操），从五帝三王以来，没有一个人能比得上您，您恐怕是轩辕黄帝第二吧！"石勒听后笑着说："人怎么能不了解自己呢？你说的也太过分了。我如果遇见汉高祖刘邦，一定做他的部下，听从他的命令，只是和韩信、彭越争个高低；假使碰到光武帝刘秀，我就和他在中原一决雌雄，较量高下，未知'鹿死谁手'？"

斩蛇逐鹿

一日，刘邦喝过酒后，率人夜行到两面皆水的道上。前面开道之人回来说，有一大蛇挡道，不如避而回头归返。刘邦醉意大发，说道：壮士别怕，只管前行。前面壮士为护刘邦安全，手起钺落向蛇砍去，蛇头一扬，壮士钺落人倒。刘邦见状，拔剑在手，将大蛇斩为两段，血流满地，长出一片红草。刘邦又走数里，便烂醉如泥，席地而睡。后面的人路过斩蛇处，见一位老婆婆在此哭诉，便问她何故。老婆婆说：有人杀了我的儿子。问她的儿子在哪里，她说她的儿子就是白帝之子，变成蛇，因挡路，被赤帝之子斩为两段。当人再问时，老婆婆不见了。刘邦醒来后，跟上来的路人便将所见所闻告诉了他，刘邦十分高兴，深信自有天助，将来必成大业。从这以后，投奔刘邦的人越来越多，他的势力日益强大起来。终于灭掉了暴秦，打败了项羽，建立了汉王朝。

刘邦即位后，就在当年斩蛇处（今河南省永城县北三十公里芒砀山南麓）修庙立碑以示纪念，今碑犹存。

舞马鹿

在中国，民俗“舞龙”“舞狮”在各地很普遍，民俗“舞马鹿”则鲜为人知。民俗“舞马鹿”中的“马鹿”，不是动物学名所指的马鹿，而是一个非鹿、非马、非牛的半“仙”动物。

民俗“舞马鹿”，是流传在广东省连州市西岸镇东田坪村的一种特有的民间动物舞蹈。当地群众依据心中的美好想象，将马鹿塑造成一个非鹿、非马、非牛的半仙动物，它的头似马，身似驴，长着牛腿，而有一对角则是鹿角。象征着福寿和吉祥，每逢节日或喜庆之时，就会以舞马鹿这种民间舞蹈，来表达辟邪除灾、趋吉纳福的良好愿望。舞马鹿是省级非物质文化遗产保护项目，申报国家级非物质文化遗产。

“舞马鹿”又叫“打马鹿”，有着一百五十多年的历史。很久以前，“打马鹿”是一个人舞鹿，猎人身带弓箭、长矛，配以锣鼓、唢呐，表演猎人追打鹿的全过程，直到最后把鹿打死。到了清末民初，“打马鹿”的表演仍旧如初，但猎人所用的道具改为火药枪，因为打马鹿都在农历新年期间活动，表演时扮演鹿的人常常被枪打死打伤，似乎很不吉利，渐渐没有人肯扮演鹿，久而久之，这种民间艺术形式逐渐衰亡。到了上世纪五十年代初，当地为发掘民间艺术而举办了多次汇演，“打马鹿”得以恢复。随着时代的变迁，由于鹿给人们善良吉祥、温顺可爱的印象，特别是人们认为金鹿象征福寿，而金鹿含花则象征吉祥，所以“打马鹿”渐渐演变成今天的“舞马鹿”。舞马鹿的舞蹈动作是在粤北采茶舞的基础上进行加工创新而成的，表演分“跟踪”“扑鹿”“驯鹿”三个情节展开。

表演开场时，由四名艺人扮演的两只马鹿，在林中奔跑、跳跃，它们来到泉水边，互相擦背、嬉戏，调皮可爱。忽然，马鹿警觉地仰起头，原来猎人跟踪而至。猎人发现了马鹿，抛出绳套捕捉，但都被马鹿机灵地躲闪开了。

在激扬、高亢的乐曲声中，马鹿浑身透亮，神采飞扬，猎人被它迷住了，随即采摘灵芝和鲜花，分别送给两只马鹿，和马鹿化敌为友，猎人和马鹿共同欢舞。整个表演风趣幽默，很有地方民俗特色，猎人的矫健潇洒，马鹿的敏捷可爱，都得到生动的体现，特别是马鹿的表演，十分生动，给人美感，整个舞蹈充满了生活气息。

三亚《鹿回头》石雕欣赏

去海南三亚，看大型艺术石雕《鹿回头》没有？十有八九回答：看了呀！再问：欣赏了什么？不好答了吧？！

大型艺术石雕《鹿回头》建在三亚鹿岭，1987年落成至今（2011年）已经24周年了！设计者为海南籍雕塑家林毓豪，提议者是海南解放后由中国共产党一手培养起来的黎族领导人王越丰（1980年提议）。

创作大型艺术石雕，最难的是对整体的把握和对各局部、各重要部位的把握。林毓豪先是由局部到整体，然后又从整体到局部，这样局部整体、整体局部，反反复复地比较、推敲、审视、拿捏，最终创作出自己想要达到的效果。

施工期间，石雕的重要部位是林毓豪亲手雕刻，其它部位先由石工对比着模型放大雕刻，最后再由林毓豪加工、修饰、整理。参加施工的20多名石工，都是林毓豪亲自从福建挑选来的。

大型艺术石雕《鹿回头》的主题是什么？主题就是爱！真爱！爱人间、爱生活、爱爱情、爱未来。为了表现爱的主题，林毓豪创作的鹿回头还有三个方面把握和处理得很好。一是鹿女的形象，二是猎手的形象，三是整件作品与所在的山、海、天、人的处理，都可堪称美轮美奂。

鹿女，集中了黎族少女的全身之美。那脚、那手、那高高的额头，那大大的眼睛，尤其是那眼睛透出的神和情，把鹿女内心的美和爱全都透了出来。据说，林毓豪为了创作鹿女，曾多次到五指山区的黎村去写生，画了许多黎族少女的像，最终才设计出他满意的形象。

猎手，突出了黎族小伙的阳刚之美，眸子明亮而幸福。鹿回头神话故事有多个版本，但主要是两个版本，一个版本是讲黎族青年猎手准备弯弓搭箭射坡鹿，一个版本是讲黎族青年猎手不忍心射坡鹿。林毓豪创作的鹿回头，显然是照顾了两者，把黎族青年猎手的眼神处理得明亮而幸福，但似乎又有些自责和含羞。这就是林毓豪的高明之处，他的这个作品处理既体现了人性、人情和人们的愿望，又更好地表现了爱的主题。

再看整件作品与所在的山、海、天、人的空间处理。原来石雕准备建 40 米高，35 米宽，20 米厚，相当于 12 层楼。石雕的内部还有厅堂，底座还有大厅，占地 700 多平方米。林毓豪对鹿回头山体及周围的环境反复观察比较后，决定将石雕缩小，高 15 米，宽 10 米，厚 5 米，占地只有 50 多平方米。实践已经证明，林毓豪的决策是正确的。处理好了作品与所在空间、环境的关系，与周边山、海、天、人形成了美的互动，作品的艺术价值和所要表现的主题得到更好的彰显。

为了突出大型艺术石雕《鹿回头》这个主景，林毓豪特意请广东省建筑设计院在主景下方依山傍水借景设计建造了一组伞状的蘑菇亭。这组蘑菇亭很重要，除了供人驻足休息、眺望观景，与周边环境互相衬托和协调过渡等功能外，最重要的是，蘑菇亭取材于黎族“三月三”姑娘们撑着伞与男青年对歌的习俗，与主体雕塑《鹿回头》爱的主题相呼应。

1994 年 1 月 21 日，全国政协副主席赵朴初看了《鹿回头》大型石雕后十分高兴，作词一首《诉衷情·游鹿回头》，抒发他的感受："登高夜望奇甸，美景不胜收。灯万点，相辉映，似川流。不须逐鹿，山也回头，海也回头。"朴老的词，刻在大型石雕《鹿回头》旁，成了对石雕、对三亚的永远赞誉。

档案一：

鹿回头传说，是海南岛上流传了上千年的神话传说，是海南黎族文化的经典。

相传在很久以前，有位黎族青年猎手在五指山碰到一只坡鹿。他不忍心射杀它，就追呀追呀，但就是追不上。他追过了一座山又一座山，淌过了一条河又一条河，一直从五指山追到鹿回头山顶。坡鹿没法再跑了，前面是大海，旁边是悬崖，坡鹿回过头来，变成一位美丽的黎族少女，与青年猎手结成夫妻。从此，他们男耕女织，幸福生活，繁衍后代，死后埋在鹿回头山，永远守护着这片大海和土地，呵护这里的海南人。再以后，这里的山就叫鹿回头山，这里的村就叫鹿回头村。这个美丽神奇的传说故事，长期以来，吸引了很多人想把它再现于世间。

档案二：

1997 年 1 月，56 岁的林毓豪英年早逝，他的墓在他的故乡乐东黄流，墓碑面朝三亚鹿回头。林毓豪还是南京雨花台大型石雕《先驱者》的参加创作设计者，南京雨花台大型石雕《先驱者》，成为南京雨花台革命烈士纪念碑，经典永存。

人偶剧《鹿回头》的精彩

1999 年 9 月底，文化部将大型海南人偶剧《鹿回头》作为优秀剧目上调北京，参加庆祝国庆 50 周年的晋京演出。2000 年，海南人偶剧《鹿回头》获得中国舞台艺术最高奖：国家文华大奖、中国艺术节大奖、中宣部“五个一”工程奖，编剧、导演孙凯也获得国家文华大奖中的最佳编剧、最佳导演奖。

海南人偶剧《鹿回头》的精彩在哪？

海南人偶剧主要流行在琼西北的临高一带，有上千年的历史。该剧种的最大特色是：人偶同台，人偶同演，大舞台，大空间，形式活泼多样，人主情而偶来主形，很适合表现《鹿回头》神话传说故事。而且该剧种老少皆宜，不受地方方言的影响，看表演、看动作、看剧情，就能看得懂。海南人偶剧《鹿回头》，把黎族音乐、歌舞、服饰，大胆地植入其中，更好看，真正达到好听、好看、好懂的艺术效果。

海南人偶剧《鹿回头》的精彩，主要还有四个看点：

黎族文化特色更加强化了。整台剧都在展现黎族风情、风俗和黎族文化经典，让人们对黎族文化有了更全面、更具体、更感性的认识，深感该剧面目一新。

鹿女、猎手、坡鹿的形象活化了。鹿女、猎手变成了看得见、逗人爱的美丽黎族少女和黎族小伙。坡鹿不再是一只，而是一群，神鹿在坡鹿中，神鹿和坡鹿的集体舞、双人舞、单人舞，充分展示了神鹿的活泼可爱、灵性十足、爱憎分明、“亦鹿亦仙”的美好形象。尤其是神鹿变成人这场“回头”戏，借有声光电等特技手法，演得活灵活现。

神话传说故事的情节细化了。鹿回头传说的故事情节比较简单，如果用文字表述，就 100 多个字。但内涵丰富，在忠于故事原意的基础上，把整个故事设计成彼此连贯的五幕戏，青年猎手在五指山遇到神鹿，青年猎手追赶神鹿，神鹿变成美丽的黎族少女，猎手与鹿女成婚，成婚后的猎手和鹿女过着艰苦而又幸福的生活等五幕戏。这样，一个 100 多字的神话故事便演绎成了一整台长达一个多小时的好听、好看、好懂的大戏。

神话故事爱的主题更加深化了。通过剧中黎族青年男女的生活劳动画面：打柴舞、狩猎舞、月下舞、织锦舞……使人切实感受到人间可爱、生活可爱、真情可爱、未来可爱,《鹿回头》爱的主题得到升华。

鹿姓没列宋版《百家姓》

据考证，中国人在五千年前就有了姓。那时是母系社会，人们只知有母，不知有父。所以“姓”字是“女”和“生”组成，形象的说明最早的姓与母氏有关。夏、商、周的时候，人们有姓也有氏。“姓”是从居住的村落或者所属的部族名称而来。“氏”是从君主所封的地、所赐的爵位、所任官职，或死后追加称号而来。

鹿姓，没有被列入宋朝版本的《百家姓》，原因应该是姓“鹿”的有不少是渊源于北方的少数民族。宋朝版本《百家姓》的编纂者偏安一隅，不了解北方的少数民族，缺乏资料。

鹿姓起源，有五个渊源。

第一个渊源：源于姬姓，出自周文王之子康叔后裔，属于以封邑名称为氏。据史籍《风俗通》记载：西周初期，周文王之子康叔建立了卫国，其支系子孙世代为卫国大夫，其中有人被封于五鹿（今河南濮阳），后人遂以地名取姓，称五鹿氏，后省文简化为单姓鹿氏。也是黄帝的后裔。

第二个渊源：源于鲜卑族，出自鲜卑族拓拔部阿鹿桓氏，属于以氏族名称汉化为氏。据史籍《魏书·官氏志》记载，北魏有代北鲜卑族三字姓阿鹿桓氏，后在北魏孝文帝的汉化各国过程中改为汉字单姓鹿氏。

第三个渊源：源于蒙古族，出自蒙古族犬鹿氏，属于以氏族名称为氏。蒙古族历来有“犬鹿成族”的历史传说，其后裔子孙中有以其为姓氏者，汉化单姓为鹿氏。

第四个渊源：源于蒙古族，属于汉化改姓为氏。据史籍《清朝通志·氏族略·蒙古八旗姓》记载：(1）蒙古族博尔苏特氏，源于元朝时期的别速惕氏族，著名将领哲别、迭该、古出古儿阔阔出皆出此族，世居锡喇木楞。后有满族引以为姓氏，满语为 Borsut Hala，满语音译为博尔苏特哈拉。后冠汉姓为鹿氏。(2）蒙古族博古罗特氏，源于元朝时期旧姓，是阿兰豁阿五子之一不古纳台的后裔，世居扬什木。后有满族引以为姓氏，满语为 Bogulot Hala，满语音译为博古罗特哈拉。后冠汉姓为鹿氏。(3）蒙古族博和罗克氏，亦称博古罗克氏，世居科尔沁。后有满族引以为姓氏，满语为 Bohelok Hala，满语音译为博和罗克哈拉。后冠汉姓为鹿氏。

第五个渊源：源于满族，属于汉化改姓为氏。据史籍《清朝通志·氏族略·满洲八旗姓》记载：满族布希氏，满族最古老的姓氏，源于金国时期女真族姓氏“蒲鲜”，以姓为氏，乃东真国国主蒲鲜万奴后裔，满语为 Busi Hala，满语音译为布希哈拉，汉义为“去毛的狍皮、鹿皮”，世居叶赫。后冠汉姓有鹿氏、步氏、布氏等。

鹿姓在全国聚集的有“鹿”字的村落有 30 个之多。

河北省定州市大鹿庄乡北鹿庄村；

山东省巨野县龙固镇鹿楼村、单县鹿楼村、泰安市宁阳县葛石镇鹿家崖村、高密市柴沟镇前鹿家庄、曲阜市时庄乡鹿王村、成武九女乡鹿堂村、安丘景芝镇鹿村、莱州鹿家村、鱼台县鹿洼村、曹县桃源乡鹿寨村、鹿庙村、郓城县鹿湾村、烟台市福山区鹿家村、菏泽市曹县常乐集乡鹿庙村前鹿庙村、菏泽牡丹区万福办事处鹿坊村；

河南省封丘县曹岗乡鹿合村、沈丘县白集镇鹿楼村、夏邑县刘店乡鹿庙村、商丘市民权县鹿庄村；

江苏省沛县鹿楼镇、徐州市贾汪区贾汪镇鹿楼村、徐州铜山县鹿楼村；

安徽省蒙城县板桥镇有鹿楼村、鹿小圩、大鹿、小鹿村，阜阳鹿祠街，颍上鹿家庙；

甘肃省天水市礼县鹿家镇。

鹿院坪的散文

鹿院坪，位于湖北省恩施市板桥镇新田村境内，其深陷峡谷地缝中，四周绝壁环绕。境内平坦开阔、山清水秀。好似“世外桃源”。

鹿院坪面积约5平方公里，从峡谷到山顶的垂直高度达500多米，四周的悬崖构成了天然屏障，整个鹿院坪形似一个条形状的天坑，仅有崖上人工挖凿的小路供当地村民进出。这里的草木永远是那么嫩绿，山永远是那么青翠，泉水也永远是那么甘甜、纯净。在这个被大自然封闭的小山沟里，人们在筚路蓝缕的同时，活出了自己的韵味，怡然自得。鹿院坪人的食物、生产工具、生活用具至今基本上都是自己生产，村中随处可见人工石磨、水磨、人工凿刻的石缸、独木风箱、风车、木制的储物器等生产生活工具。它们的古朴，凝固了历史，传递着远古的文化信息。

鹿院坪的得名与鹿有关。清朝雍正初年，因战乱造成四川及相邻地区人烟锐减，土地荒芜，朝廷大行“江西填湖广，湖广填四川”的移民政策，大批贵州、湖南人迁徙到恩施地区。湖南常德府桃园县裴科嵩、裴科乾、裴科禄兄弟等人迁施南府恩施县北乡板桥新田，试种从湖南带来的稻谷种，但只开花不结籽，意识到地势高了，便寻找地势较低的地方。后发现深山峡谷底部有一树木葱郁的地带，但无路下去，便在鹿院坪河坪口悬崖上挂接36匹白布，揪着白布下到崖底，只见这里四周悬崖矗立，中间平坦，一河中流，百瀑（布）边悬，气候温润，土地肥沃，古木参天，十分高兴。但回去的时候，挂在悬崖上的白布被飞虎（鼯鼠）咬断，无法上去，且干粮已吃完，正着急时，一群美丽的鹿儿沿着河边朝着桥湾山崖上走，他们便跟着鹿走，终于爬上悬崖顶。以后便从这里凿路到崖底，在河流两岸开荒垦田，成功种植水稻、油茶，部分裴姓人又从新田迁居这里，以后又有朱、周、李、侯等姓人陆续迁到这里共同开拓。裴氏在鹿院坪的探寻发现过程中，因鹿引路走出困境，最先称这里鹿引坪，后因鹿成了人们的好朋友，经常光顾人们居住的院落，人们便将这里叫成鹿院坪。

鹿院坪的散文，是天然合成，是人、鹿、境、物、事的岁月组合与传延，是美的凝固。

没有鹿就没有孔子出生

《史记·孔子世家》:“古者诗三千余篇，及至孔子，去其重，取可施于礼义三百五篇。”说的是：孔子对流传到春秋的三千多首诗，以利于传授礼义为尺度，选录从西周初年到春秋中叶（即公元前1100 ~ 600年左右）的诗歌305首编订成集，又称“诗三百”。自孔门弟子中，对诗领悟力最强的子夏的传诗，而成《诗经》。

现今我们读《诗经·国风·召南》之《野有死麕》(据古书记载：麕的身躯与麒麟的身躯十分相像；麕即麇，也就是獐子，是鹿科动物。野有死麕，大意是：猎得獐子在荒野）这首诗，大多都会品味、赞美这至情至爱的千古爱情！但不难读懂:《野有死麕》是描写歌颂婚前性行为的诗篇呀！这合符男女授受不亲的礼教吗?

仲春“桑间之约”，在上古时代是合礼的。据《礼记》说，西周时期（其实，这一习俗在原始社会早就存在，现在部分少数民族还有试婚、走婚的习俗，有些类似之处。）如果女子年满二十岁，男子年满三十岁，双方由于各种原因没有结婚的，允许在每年的仲春（现在民间还有“二月二”的节日）或暮春（“三月三”）在特定的地方“桑中”或“桑间”自由结合，不用媒妁之言，抓紧定下亲事，结婚成家。

在春秋至隋唐时期，这样的民风，也没有违背礼义。到了宋代，婚前性行为，俨然成了叛离正统，违背礼教。便有《野有死麕》的诗序与朱注曰："南国被文王之化，女子有贞洁自守，不为强暴所污者，故诗人因所见以兴其事而美之"；朱熹在《诗集传》云："此章乃述女子拒之之辞，言姑徐徐而来，毋动我之帨，毋惊我之犬，以甚言其不能相及也。其凛然不可犯之意盖可见矣！"

《诗经》按用途和音乐分"风、雅、颂"三部分，其中的风是指各地方的民间歌谣，其中的雅大部分是贵族的宫廷正乐，其中的颂是周天子和诸侯用以祭祀宗庙的舞乐。《诗经·国风·召南》之《野有死麕》这首诗，当属今天的十堰地区地方民间歌谣。我们在《野有死麕》诗中，看到年轻的小伙和姑娘自由地幽会和相恋的情景，也了解到了那时对男女交往的限制还不像宋代那样严厉。孔子编订《诗经》而保留《野有死麕》这样的诗篇，有什么鲜为人知的用意吗？

这要从孔子的出生说起。《史记·孔子世家》中载明"（叔梁）纥与颜氏女野合而生孔子"。就是说：孔子父亲叔梁纥居于鲁昌平乡陬邑（今山东曲阜县东南），72岁时在尼丘山与18岁颜徵在的野合，生了孔丘仲尼。事情大概是：叔梁纥72岁那年的仲春时节，他上尼丘山猎鹿（獐和鹿，都是古人求亲的时候必备的礼聘之物），打死了一只鹿。他像《野有死麕》中的那个小伙子吉士一样喝了鹿血，产生了强烈的要求，看上了在山上挖野菜的农家少女颜徵在，她亦正值思春年龄（颜徵在那时的女性十四、五岁即为人母的年华，那时十八岁已经是大龄女青年了），她看到老汉年纪虽大，但还能猎鹿，犹有武士雄风，是可以托附终身的长者，于是，当老汉叔梁纥把猎获的鹿献给她，两人一拍"野"合。尽情的少女神情恍惚，当时没看清楚孔老汉猎获的鹿的真面目，过后，孔子的母亲颜徵在，向孔子描述成：生他时见到麒麟。麒麟又是传说的祥瑞神兽，孔母将鹿变成（说成）麒麟，一点也不奇怪。

麒麟吐玉书一说，是后人臆造。打死的鹿，口中喷出的只会是血。正是这鹿血壮阳助人生育的作用，成就了叔梁纥迟到的姻缘，促成了孔子出生。因此，可以说没有鹿就没有孔子。孔子 3 岁时，父亲叔梁纥去世，葬于防山。颜氏移居曲阜阙里，将孔子抚养成人，在孔子 17 岁时，孔母去世。所以孔子说过“吾少也贱，故多能鄙事”。如果孔子一直平平常常，肯定就不会有麟吐玉书之说。孔子成了一代宗师，一向喜欢追根求源的文人，就替他的出生戴上了“麟吐玉书”光环。

《野有死麕》的爱情

《诗经·国风·召南》之《野有死麕》，唱说着万古不了情，在中国历史上多有读解，可谓百花齐放。她是《诗经》中最有异议和争鸣的情诗。

原文：野有死麕，白茅包之；有女怀春，吉士诱之。林有朴樕，野有死鹿；白茅纯束，有女如玉。舒而脱脱兮，无感我帨兮，无使尨也吠。

部分字义，麕：獐子；獐子比起鹿的体量要小，无角，属鹿科动物。白茅：草名。吉士：男猎人。朴樕：小木，灌木。纯束：捆扎。脱脱：缓慢。感：通撼，动摇。帨：佩巾，围腰。尨：多毛的狗。

《野有死麕》这首诗，当属今天的十堰地区地方民间歌谣。是一首反映古代青年男欢女爱的情歌，全诗寥寥数字，语言生动隽永，率真、质朴、自然，是情感、情景的自然流露和再现，是人性的真实反映。全诗三阙，前两阙是以第三人称叙述男女仲春幽会。第三阙是以怀春之女（第一人称）直抒心声。

前二阙唱说的故事：猎得的獐子在荒野，白茅缕缕将它包着，遇到了怀春的少女，英俊的猎人将包着的獐子肉献上去追求她，与她调情撩心。再次幽会在荒野，小伙子捆扎来一只猎得的鹿，他这更重的礼物就放在丛生小树木中，要送给思慕中的那颜如玉令人春心荡漾的少女。

第三阙唱说：这对年轻恋人感情进入了更深的层面，如熔岩迸发，炽热奔放，激情四溢，动作不免粗鲁，弄出许多声响。这时，少女便处在既欢愉急切又害羞紧张的微妙心理状态，因担心被人撞见，因而告诫小伙："缓慢来呀，不要慌张！不要完全翻去我的佩巾、围腰！不要发出响声惊动了狗叫。"

从追求、思慕到接受，全诗无多委婉，无多曲折，却流水行云一气呵成并余音袅袅，如同日升月落四季轮回般地自然美好。难怪孔子曰：诗三百,一言以蔽之，曰思无邪。《野有死麕》的浑然天成在后代一些卫道士眼里，俨然成了叛离正统有违礼教。卫宏《诗序》云："被文王之化，虽当乱世，犹恶无礼也。"郑玄《诗笺》云："贞女欲吉士以礼来，……又疾时无礼，强暴之男相劫胁。"《野有死麕》的诗序与朱注曰："南国被文王之化，女子有贞洁自守，不为强暴所污者，故诗人因所见以兴其事而美之"；朱熹在《诗集传》云："此章乃述女子拒之之辞，言姑徐徐而来，毋动我之帨，毋惊我之犬，以甚言其不能相及也。其凛然不可犯之意盖可见矣！"这些评注，明显带有维护封建礼教色彩，让男女之间的两情相悦美好爱情荡然无存，真是令人哑然失笑！

仲春"桑间之约"，在上古时代是合礼的。据《礼记》说，西周时期（其实，这一习俗在原始社会早就存在，现在部分少数民族还有试婚、走婚的习俗，有些类似之处。）如果女子年满二十岁，男子年满三十岁，双方由于各种原因没有结婚的，允许在每年的仲春（现在民间还有"二月二"的节日）或暮春（"三月三"）在特定的地方"桑中"或"桑间"自由结合，不用媒妁之言，抓紧定下亲事，结婚成家。而馈赠鹿，也是始于上古时期先民求爱求婚的民俗礼物。

闲读诗经，不意翻到《野有死麕》，细细品味，字里行间跳跃的远古人类与生俱来的自由自在与清新活泼，一种久违的无邪无碍的净水从头至脚地荡涤了身心，仿佛回到纤尘不染的童言无忌，想唱便唱，想说便说，没有任何的矫情，没有一丝的伪装，不禁为先民不事雕琢的原始淳朴击节而叹！

人间麋子国与道家净乐国

人间有“麋子国”，仙界有“净乐国”。

据考证：麋子国起源于微，微在今山东西部的梁山境北。商王文丁时代微还很强盛，对殷威胁很大，曾经是称霸的伯主，殷不得不与微讲和。到了商王廪辛，派小臣垟伐微，殷商战胜了微，并俘获了微的首领。微遭遇这打击后，其一枝迁到渭水中游南岸，即今陕西眉县境，依附于西周。但是，西周建国后，担忧微的日趋强盛，于是周“征眉微”，微被迫翻越秦岭，迁居于汉江中上游的锡穴山。在长期的生产、生活实践中，古人食鹿肉，用鹿之骨（今考古发现有大量使用痕迹的鹿化石、骨角器的原料多来源于狩猎的鹿骨、角，以鹿角为原料的簇箭头）。深感鹿是纯善之兽，于人有利无害。或许是因为鹿是纯善之兽，或许是因为麋之成群结对、漫山遍野，鄂西北先民曾建立麋国。

“兀”，乃麋、微之图腾。兀字头上加一山字，甲骨文意为鹿角《山海经》云：东山经首列山图腾为龙头，次列山为麋鹿角头，三列山为羊角头。即泰山南域以麋鹿角头为图腾，梁山位于泰山西南。又因陈梦家《商地理小记》认为甲骨文“兀”，即微、兀所从之兀。“兀”象形麋鹿角头，即微之图腾。麋麋相通，麋鹿（“四不像”）体高身长，又有峨峨头角高貌，是一种威武雄壮的象征，以致成为微延至麋子国的图腾。许忠琳在《封神演义》中将姜子牙的坐骑写为“四不像”，并加封麋子国。依据就是姜子牙与微同祖，同是麋子的先祖。古麋国位于长利谷东的锡穴山。现今的白河县、郧县、郧西县、均县、房县一带千里疆域，春秋时为麋国地，麋国都城在锡穴山，旧称拦马河（今湖北省十堰市郧县五峰乡肖家河村）。锡穴山的山势形如龙头，虎踞龙盘，背靠迷魂嶂，面临汉江，水深土厚，最是适应人类居住，现今发现有四处古人类发源地。

人间有“麋子国”，仙界有“净乐国”。书载，道教的布道者以“麋国”为基础杜撰出“净乐国”。元代刘道明《武当总真集·序》：武当山“先名太和，中古之时，天地定位，应翼轸角亢分野，玄帝升真之后，故曰非玄武不足以当之，故名焉。考之图经，即上古麋地。谓人民朴野，安静乐善，虽曰麋鹿，犹可安居”。《武当山志》：“净乐宫位于原均州城内。相传真武大帝的父亲净乐国王曾治理麋国，故建宫祭祀。”净、麋谐音，道教杜撰的“净乐国”是以“麋子国”为基础或原形的。武当山，是真武大帝修真得道的圣地。

相传，真武大帝不是出生在这里，而是出生在天的西头、大海的那边。古时候，大海那边有一个净乐国，国王清正威严，善胜皇后美丽善良，他们共同把净乐国治理得井井有条，人们安居乐业。有一天，天清气爽，善胜皇后心情也非常舒畅，就来到御花园，游玩观景。忽然抬头看见蓝天上飘来一朵祥云，云头上站着众多的神仙。只见一位神仙捧出红红的太阳朝下一扔，霎时一道金光飞到她面前，那太阳随即变成了一个小红果，一下钻进她嘴里，又滑进她肚里。于是，善胜皇后便有了身孕。善胜皇后整整怀胎十四个月。第二年的三月初三那天，她忽然感到肚子疼，知道孩子要出生了。这时，只见天上一团团祥云瑞气盘旋飞绕，一群群美丽的小鸟在皇宫上空飞翔啼鸣，一股股香气弥漫整座宫殿…… 善胜皇后生了个又白又胖的娃娃。举国上下奔走相告：太子诞生了。

后来，人们在武当山下的均州城建了一座宫殿，叫净乐宫，纪念真武大帝诞生。武当道教把真武大帝诞辰日——农历三月初三定为重大节日，每年这一天都举行隆重的庆典活动。

神话中的净乐国究竟在哪里？ 据今人考证，他应该就是在古麇国都锡穴山上。锡穴山是有三面环水的莲花宝地，是个奇特的大福大贵之地。公元前 611 年，楚庄王亲征鄂西，联络秦国、巴国，将百濮部落联盟各个击破，经过交战，先灭了附庸国，麇国孤掌难鸣，随后也被灭掉。麇国灭亡，楚人入主，楚国将古麇人远迁至千里之外的湖南岳阳（今岳阳东 30 里有麇城遗址），另一部分麇国遗民不愿降楚，翻越大巴山逃到四川、云南。楚国兼并后，古麇国都降为锡州兼锡县两级建制，一直延续到南北朝，又是一千多年。总共长达三千余载繁华，它注定要出大仙大道，这北极玄天上帝真武之乡，真可谓天人合一。

鹿赏鹿——和诗谢友赠诗

医者仁心赠诗：

鹿凭山下老人看，
友麋鹿而终天年。
汇集而陈诸左右，
文翁劝学人应恋。
人生少年全不久，
也应攀折他人手。
祝融绝顶万馀层，
好是中朝绝亲友。
运斤不辍自成风。

鹿友汇和诗：

鹿瑞人寰神兽运，
友亲友邻性情好。
汇采百草益寿祝，
文博医圣著誉也。
人生富华在学人，
也应攀枝荐轩文。
祝融万世千山汇，
好山好水好诤友。
运斤不辍共赏鹿。

解释：

“运斤”出自《庄子· 徐无鬼》“匠石运斤成风”，运：挥动；斤：斧头。挥动斧头，风声呼呼。比喻手法纯熟，技术高超，又说技巧熟练，大胆、快捷而有力。有时也用于形容自信。鹿友汇和诗中：“运斤”，形容自信。

有一好友连读了我的“鹿文”，作了藏头诗，我作了藏头（并藏尾）诗附和。

乌龙追獐获“乌龙”

相传，在清朝雍正年间，福建省安溪县西坪乡的南岩村里有一位单名“龙”的青年，以种茶、狩猎为生。他饱经风霜，长的黝黑健壮，乡亲们都叫他“乌龙”。

有一年的春天，乌龙腰挂茶篓，身背猎枪，上山采茶。采摘到中午时，突然，一只山獐慌张地从身边溜过，乌龙便举枪射击，但负伤的山獐拼命地逃向山林之中，他直追至“观音石”附近才把山獐捕获。

当他把采摘的茶青（新鲜茶叶子）和猎得的山獐都背到家时，已经是晚上了，乌龙和全家人忙着宰杀、品尝野味，将制茶的事全然忘记了。

第二天清晨，想起制茶的事时候，他发现放置了一个夜晚的新鲜茶叶子，这时已镶上了红边了，并且散发出一阵阵的清香。制成的茶叶，滋味格外清香浓厚，全无往日的苦涩之味。乌龙细心琢磨，终于悟出奥秘：原来茶叶在腰挂茶篓中，经一路奔跑时的颠簸，是“摇青”；后放了一夜，这是“凉青”，所以制作出来的茶叶与以往不同。

于是，他经过反复的试验和细心的琢磨，通过萎雕、摇青、半发酵、烘焙等工序，终于创制出一套新的制茶技术。他把技术传给众乡亲，制出了品质优异的茶类新品（乌龙茶）。乌龙茶综合了绿茶和红茶的制法，品质介于二者之间，既有红茶的浓鲜味，又有绿茶的清芬香，冲泡此种茶叶，会发现叶底的边缘因发酵呈红褐色，而当中部分仍保持天然嫩绿本色，形成奇特的“绿叶底红镶边”，还有一种诱人的兰花香气。乌龙茶的特点是回味悠长，耐冲泡，具有解脂肪，助消化之功效，被誉为健美减肥的佳品。

乌龙去世后，乡亲们便在南岩山建“打猎将军庙”纪念他，称此种制法的茶，叫“乌龙茶”，至今“打猎将军庙”遗址尚在。

毛主席选鹿茸麝香送礼

毛泽东素来不重钱财，一生视钱财如粪土，重仁义如千金。毛泽东在与师长、亲属、朋友的交往中都是以情义为重，注重感情交流，注重思想交流，注重精神影响，表现了一代伟人的风范和高尚品质。在毛泽东送礼的经历中，表现出其常人性格的一面。毛泽东送礼的形式不一，礼品多种多样。有大白菜，有肥皂，有布料，有补品，有熊掌，有题字，有文件，有钱，还有的是非常上档次的工艺品。毛泽东送礼的对象十分广泛，有亲属、师长、好友，有兄弟党和友好国家领导人，还有对手。送礼的方式大多是以写信或发电报的方式予以明确。这些礼品有以个人名义赠送的，有以党、国家、军队领导机构和领导人名义送的，还有和江青一起合送的。送礼的经费来源，是毛泽东自己的工资或稿费。在礼品的数量上，有多有少，品种不限，因事因人而异。在新中国成立初期，毛泽东主席送礼比较讲究民俗民风，也更多考虑给受礼者名贵、特色、实用的礼物。其中有三次选鹿茸、麝香为礼品。把千百年供奉皇帝的贡品，送给年长的朋友、亲戚、老师，反映出人民大救星毛泽东的革命情操、亲民情怀、敬老美德。

赠齐白石的寿礼

毛泽东主席和人民艺术家齐白石都是湖南湘潭人，都叫“石头”，毛泽东乳名石三，齐大师名为白石，一位是伟大的无产阶级革命家，一位是世界文化名人，两人互相尊敬，互相关心，结下了深情厚谊。白石老人出生于 1864 年 1 月 1 日，毛泽东比他小 29 岁，他们虽然是同乡，但以前并没有见过面，只是互相仰慕已久，新中国的诞生，使他们开始了亲密的忘年交。

白石老人最初是从他的另一位湘潭同乡、著名学者黎锦熙那里了解到毛泽东主席的。解放军进驻北京后，白石老人收到了毛泽东主席的一封亲笔信，邀请他以无党派人士的身份参加新的政治协商会议，白石老人高兴不已，不久他出席了周恩来总理主持的各界人士招待会。

1950 年初夏，毛泽东又派秘书田家英到跨车胡同大师的住地看望白石老人，详细地了解老人的健康状况和生活情形。白石老人深受感动，他叹道：“已卜余年见太平。”意思是说他在人生最后的岁月，见到了太平盛世。接着毛泽东主席又派人派车把白石老人接到中南海，两位同乡作了几个小时的促膝长谈，并在风和日丽中品茶赏花。毛泽东主席还特地请来朱德元帅作陪，与白石老人共进晚餐。餐前，毛特意吩咐厨师把菜煮烂些，以便老人食用。席间，毛泽东主席边吃边对白石老人说：“你原名纯芝，我原名润芝，两人小名都叫‘阿芝’。我该尊称你一声老哥哟！”一番风趣的话语说得两人都情不自禁地笑了起来。

1953 年 1 月 7 日，是白石老人 89 岁寿辰。根据湖南湘潭民间习俗，做大寿是“男进女满”，即男人提前一年祝寿，所以白石老人选择此日庆贺 90 岁大寿。中国美术家协会为他举行了隆重的庆祝会，文化部授予他“中国人民杰出艺术家”的光荣称号。不久，毛泽东主席派人送给白石老人四样礼品：一坛湖南特产茶油寒菌，一对湖南王开文笔铺特制长锋羊毫书画笔，一支精装东北野参及一架鹿茸。

贺岳母的寿礼

战争年代，为了人民解放和民族独立事业，毛泽东离开家乡，辗转各地。虽然日理万机，但他没有忘记远在湖南老家的亲人，尤其是杨开慧的母亲和家人，时刻惦记着他们，一有机会就打听他们的消息。

1949 年 8 月 4 日，湖南长沙和平解放。随后，从家乡传来了杨开慧的母亲向振熙老太太健在、身体健康的消息，毛泽东非常欣慰，立即拍电报表示祝贺和问候。8 月 10 日，毛泽东收到杨开慧的哥哥杨开智的来信，心情极佳，当即复信：“来函已悉。老夫人健在，甚慰，敬致祝贺。”

同年 9 月，杨昌济的留日同学朱剑凡的女儿、王稼祥的夫人朱仲丽准备从北平回长沙探亲。9 月 11 日，毛泽东委托朱仲丽看望杨开慧的母亲和哥哥杨开智夫妇，并带去书信和礼物。信中说：“托朱小姐来看你们。皮衣料一套，送给老太太。另衣料二套，送给开智夫妇。”

1950 年 4 月，向振熙八十大寿，毛泽东主席派大儿子毛岸英回家乡为外婆祝寿。4 月 13 日，毛泽东给向振熙老太太写了封祝寿信，全文如下：

向老太太尊鉴：

欣逢老太太八十大寿，因令小儿岸英回湘致敬，并奉人参、鹿茸、衣料等微物以表祝贺之忱，尚祈笑纳为幸。

敬颂康吉！

毛泽东 江 青 一九五〇年四月十三日（这封贺信是毛泽东和江青共同署名的，并且“江青”二字是毛泽东亲笔写上的）。

给老师黎锦熙的敬礼

毛泽东主席与老师黎锦熙之间的交情持续了近70年。1913年，毛泽东在湖南省立第四师范学校预科一班读书时，黎锦熙先生是学校的历史教员。之后，他们之间的交往日益频繁，根据《毛泽东早期文稿》和《毛泽东年谱》记载，现在已经发现的，从1915年11月至1920年6月间，毛泽东写给黎锦熙的信件至少有7封；与黎锦熙在一起谈论的次数更多，交流涉及的问题范围非常广泛，从国家大事，到哲学思潮、人生观和世界观、求学方法、身体锻炼等无所不及。

抗战时期，黎锦熙在西北师范学院任教务主任。1939年，毛泽东将自己所作的《论持久战》一书寄赠黎锦熙，两人因战乱而中断了多年的关系又续上了。

1949年6月，当毛泽东得知黎锦熙在北京师范大学任教时，即去北京师范大学黎锦熙宿舍看望叙旧。同年秋天，毛泽东指定黎锦熙、吴玉章、范文澜、成仿吾、马叙伦、郭沫若、沈雁冰等7人组成“中国文字改革协会”，黎锦熙先生担任文字改革协会常务理事会副主席及汉字整理委员会主任委员。作为语言文字学家，在湖南，黎锦熙与符定一齐名，很受毛泽东的敬重。在毛泽东的过问下，有关部门为黎提供了一座有工作室和书房的四合院，以便让他能够“搞研究，带徒弟”。

1953年，毛泽东派人将一些礼物赠给黎锦熙，以表达对黎的敬意。其中有：“人参果一包，阿胶四块，红参一盒，冰糖一块，麝香二支，贝母一包，虫草半斤。”

鹿湖园趣

在浙江绍兴问：鹿湖园在哪？回答多是："没听说呀！"这不是逗你玩。鹿湖园是绍兴市区龙横江整治的精品，于 2004 年 8 月开工，于 2006 年 4 月建成。在市区八大园林中后来居上，被中国风景园林学会授予 2008 年度"优秀园林古建工程"金奖。鹿湖园汇集传统绍兴园林之优势，其亭、台、楼、阁，依水而建，老石板铺路，青石为柱为门，呈现出古越园林的特色，乌桕、石榴、枫、杨等各种树点缀其间，刻石立碑，砖雕木刻独具特色，小桥流水中流淌着古越风情；这里有康乾驻跸碑、乾隆《阅海塘记》等，显示出这里深厚的历史文化。

鹿湖园的园址属鹿湖庄。鹿湖庄是个古村，在清代的绍兴府极其辉煌。据《清实录·圣祖实录》和嘉庆《山阴县志》载，康熙、乾隆二帝南巡莅绍，都有驻跸在鹿湖庄。今鹿湖园中"康乾驻跸"碑、"御码头"等建筑景观即是展现当时的情状。又据史载，越王勾践猎鹿南山，驯养鹿群。鹿湖园倚靠此为中心造景，挖鹿湖，堆土为丘成"鹿场"，置石雕鹿群；筑偶鹿亭，建鹿鸣楼，展示《诗经·鹿鸣》"呦呦鹿鸣，食野之苹"诗意，又由鹿生发，筑景墙刻明徐渭《代初进白牝鹿表》，展其文章及书法。园林有丰富的鹿文化内涵，是集人文景观与自然景观于一体的园林，能使游人产生更多兴趣与联想。

鹿湖园的园址原为鹿湖庄湿地一隅，平坦无姿。造园者心中自有丘壑。挖湖成形似一奔鹿的形状以使之名实。鹿湖园胜过其他园林池沼处，是贯通于龙横江，小船可进出，是为活湖。水布无形，水流入湖内形成鹿形水面。湖岸多曲，其境柔和。挖湖之土散堆湖周，高处为丘，丘上植草为“鹿场”；低坡入水，卵石散卧，疏植花木。湖岸若半岛者，建亭台楼榭。小径S形上坡下坡沿湖而转。游人分道，有景可寻。径曲，可以延长游程，由此扩大空间。园林不论大小，畅则浅，隔则深，因此多筑花墙。鹿湖园则不然，藉建筑物以巧蔽。进鹿湖园门厅，有巨碑“康乾驻跸”图挡道。若无此设，则满园景色尽泄。由此碑分道，左道(北)下坡达龙横江边“御码头”，仰视唯见“宸游龙横”石牌坊及“龙横廊桥”等高大建筑物，而园内它景皆为之蔽。“康乾驻跸”景观自成单元。

“康乾驻跸”碑右道，径趋鹿湖园。鹿湖之南，建有“清晏”楼，楼下有廊可通。驻足北廊，鹿湖景色尽收眼底。顺廊入南，庭园幽静，古色古香，气象殊异。鹿湖之东，有“鹿鸣”楼挡道，看似景尽道穷，实则不然。楼南北有廊，廊引人入胜，柳暗花明，豁见“集贤”滨江长廊相迎。此为园尾南北最狭处。建滨江长廊则因地制宜，巧掩其陋。廊名“集贤”，乃在众多廊柱上镌刻历代书法名家诗句手迹。游人至此，小憩消乏，坐而观赏名家诗句、书法，一举两得，且从视觉转换进入另一天地。于此可悟，造园者分景有术，宜掩处掩之，宜屏处屏之，宜畅处畅之，往往在不经意间给人以惊喜。

左宗棠“访鹿友山中”

“访鹿友山中”，出自：晚清重臣，军事家、政治家、著名湘军将领，洋务派首领左宗棠，在27岁病重时所作的自我述志的一副自挽联。

上联：此日骑鲸西去，七尺躯委荒草，满腔血洒空林。问谁来歌蒿歌薤，鼓琵琶冢畔，挂宝剑枝头，凭吊松楸魂魄，愤激千秋。纵教黄土埋予，应呼雄鬼；

下联：他年化鹤东归，三生石认前身，一瓣香祝本性。愿从此为樵为渔，访鹿友山中，订鸥盟水上，销磨锦绣心肠，逍遥半世。唯恐苍天厄我，又作劳人。

自挽联，是生前为自己写下的挽联，它往往更客观真实地表现出撰者的心境。这副对联，气势宏伟，颇有壮志未酬之感慨。

上联作者想象死后情景，对自己一生做出的评价。大意谓，感慨有朝一日死去，七尺身躯埋进荒草丛中，满腔热血只能洒向空旷的林野。有谁来为我唱挽歌，有谁到我坟畔鼓琴、挂剑枝头，祭奠我的魂魄，甚至千百年后还有谁来墓地凭吊，为我的事迹而激励奋发？纵然黄土掩埋了我，也应呼我为雄鬼。“骑鲸”，指仙逝。“歌蒿歌薤”，指古时的两首挽歌《蒿里》和《薤露》。“鼓琵琶冢畔”，典出《世说·新语伤逝》中颜彦先死后好友张翰在他灵前鼓琴祭奠事。“挂宝剑枝头”，典出《新序·节士》延陵季子挂剑于冢旁树上以告慰故友事。“松楸”，墓地上种的树木，借指墓地。

下联想象来世的生活道路，表示对山水隐逸生活的向往和官场污浊生活的厌恶。大意谓，倘若他年能再转世，一炷香祝愿还我本性。我愿从此做渔夫樵子，在山中与麋鹿为友，在水边与鸥鸟为伴，以翰墨文章来消磨时光，逍遥自在地生活半世。但只怕苍天不遂人意，又要我进官场做那劳劳碌碌之人。“化鹤东归”，典出《搜神后记》，辽东人丁令威在灵虚山学道成仙后化鹤归辽。这里指重新来到人世。“一瓣香”，犹言一炷香，表示虔诚。“前身”，指佛或佛像，这里借指人形。“锦绣心肠”，形容文思优美，词藻华丽。

联语构思新颖，气势一贯，巧妙地从身后写起，并杂入神话典故，显得奇特、新颖，对仗工整而不板滞，全联如行云流水变幻多姿。有婉约细腻的一面，但主体风格仍是雄浑悲壮。从这自挽联中，我们看到更多的是一种洒脱，一种诙谐，一种真情；在挽联中，寄托了满怀壮志和豁达人生！

对仗是对联的最主要要素之一，所有的对联理论和对联教材都无法绕过。对联的对仗，在众多的论者中，有的认为要“词性相同”(即名词对名词、动词对动词、形容词对形容词，……以此类推)，有的认为要“词性相当”，但对“词性相当”没有做出解释，而且也脱不开名词对名词、动词对动词、形容词对形容词等。左宗棠自挽联中：“谁”为代词，“从”为介词。这是对联中古汉语实词与虚词对仗亦工整的范例。

禄食——京“大八件”

今天是“小年”，要是在老家福州是“祭灶”，有灶糖灶饼吃。小时候，我可盼这一天了，因为，晚上祖母会分给我“灶糖灶饼”，外祖父、外祖母那还给我留有“灶糖灶饼”，其中的“红纸包”最好吃！我都是每天看一看“红纸包”，舍不得吃，直藏到带回泉州开学了才吃。

今天是“小年”，我买了北京“年味礼大八件”，有“祭灶”的意思。不过这京“大八件”可是“禄食”。

“京大八件”是八种形状、口味不同的糕点。以枣泥、青梅、葡萄干、玫瑰、豆沙、白糖、香蕉、椒盐等八种原料为馅，用油、水和面做皮，以皮包馅，烘烤而成。有如意、桃、杏、腰子、枣花、荷叶、卵圆等八种形状。还分福字饼、禄字饼、寿字饼、喜字饼、太师饼、椒盐饼、枣花糕、萨其马等。为清宫御膳房始创，流传至民间。原本是皇室王族在重大节日典礼中要摆上餐桌的点心，也是皇室王族、官吏之间互相馈赠的必不可少的礼品，即“禄食”。不但用料考究，还蕴涵着儒雅的文化色彩和皇室的高贵气派。

“福字饼”象征祝愿幸福美满。“禄字饼”象征高官厚禄。“寿字饼”象征长寿健康。“喜字饼”象征祝愿喜事连连。“太师饼”象征敬仰太师风范。“椒盐饼”象征书卷财富。“枣花糕”寓意年轻的夫妇早生贵子，而且要有男有女花搭着生。“萨其马”（清代皇陵祭祀的祭品之一），代表敬仰传承先贤。“京大八件”喻：福、禄、寿、喜、文、财、贵、贤，既文雅又形象地把当时人们生活中祈盼的“大八件”事展现出来，这就是“大八件”名称的来历。

“京大八件”从宫廷传到民间，受到普遍钟爱，传承至今仍是京城百姓礼尚往来的首选礼品。

雌鹿椅子的优雅

Olenishka（雌鹿）是年轻的莫斯科设计师 Niaz Sayfutdinov 的第一件概念家具作品。设计者借鉴了三维纸模的概念创作出这款不同于以往的椅子。

她看上去很生动，还透露出雌鹿的机灵；她成了乘坐者的朋友，还真不忍心重重坐上呢。如果空间足够的话，摆上这么一件雌鹿椅子一定会为室内的整体气氛增色不少。如果制作成组件拼装型的，那就可以随车带到公园、郊野林地，定能给室外休闲生活添情趣。

主体材料采用实木制作，亮亮的边线部分采用铝制材料。

从婴儿时使用鸭子型的坐便器，到童年时摇动的小木马，少年则用上实木刻大象型小木凳，成年了试试雌鹿椅。从清代的鹿角椅，到今天的雌鹿椅，人们的居家坐具，来自动物的创意灵意，越来越奇妙，越来越便捷，越来越美好。

传递着科学开发利用鹿的导向

一条 85 字的新闻引起了我的注意。

新闻标题是："卫生部：鹿茸鹿角鹿胎鹿骨不可作为普通食品"，全文："法制网北京 1 月 17 日讯记者胡建辉卫生部近日针对吉林省卫生厅相关请示作出批复。指出，开发利用养殖梅花鹿副产品作为食品应当符合我国野生动植物保护相关法律法规。除鹿茸、鹿角、鹿胎、鹿骨外，养殖梅花鹿其他副产品可作为普通食品。"

我认为：这，传递着科学开发利用鹿的导向。

报道指出"开发利用养殖梅花鹿副产品作为食品应当符合我国野生动植物保护相关法律法规"。有关政策背景是：1989 年我国颁发的《国家重点保护野生动物名录》，梅花鹿被列为一级保护动物；1992 年我国正式颁布《中华人民共和国陆生野生动物保护实施条例》，梅花鹿被列为一级保护动物，其中，没有严格区分野生梅花鹿和驯养、养殖梅花鹿；2001 年卫生部下发《关于限制以野生动植物及其产品为原料生产保健品的通知》，其中第三条"禁止使用人工驯养繁殖或人工栽培的国家一级保护野生动植物及其产品作为保健食品成份"；2004 年国家林业局出台《关于促进野生动植物可持续发展的指导意见》中，开出了包括梅花鹿在内的 54 种陆生野生动物的"商业性经营利用驯养繁殖技术成熟的陆生野生动物”名单，这意味着人工驯养繁殖的梅花鹿经食品卫生部门鉴定许可，可望进行“商业性经营利用”，也就有可能可以进餐馆、餐桌。可见，卫生部近日针对吉林省卫生厅相关请示做出批复，是对我国野生动植物保护相关法律法规在实施中的细节，所作的一点科学补充。

报道指出“除鹿茸、鹿角、鹿胎、鹿骨外，养殖梅花鹿其他副产品可作为普通食品。”有这么两层意思：一是鹿茸、鹿角、鹿胎、鹿骨，还是传统药材，不是普通食品，仍纳入药材管理不变。二是养殖梅花鹿其他副产品可作为普通食品，也包括鹿肉，纳入食品卫生许可管理。报道用“养殖梅花鹿”从“驯养繁殖”中分离定位于“养殖”的梅花鹿。

这政策导向信号是两个“加强”：鹿茸、鹿角、鹿胎、鹿骨作为传统药材的管理、利用要加强，养殖梅花鹿其他副产品可作为普通食品的管理、利用也要加强。这是养鹿人的福音，也是消费者的福音。

困鹿山古茶园

著名演员张国立花壹万元人民币终身认养的一棵古树茶（三号茶树），胸径 2.53 米，树高 25 米左右，是目前发现的株型较为完好的、最大的栽培型古茶树，位于云南省普洱市宁洱困鹿山。

困鹿山，海拔高一千九百米，属于无量山余脉，因为拥有上千年上万亩的古茶园而被人们称之为“茶之博物馆”。是目前普洱市境内发现最大、保护最完整的古茶树群落。根据有关专家考证，树龄最大的在二千年以上。

困鹿山的原始森林中，巨木参天，郁郁葱葱，叶片芬芳，有无限的生机与活力，由于，山路的险峻迷乱，就连那些敏捷的鹿群都会被困住，而得名“困鹿山”。

上古时的神农氏，没有被“山路的险峻迷乱”。据载，神农氏在山野采药时，尝到一种有毒的草后，口干舌麻，头晕目眩，于是背靠大树作休息时，一阵清风吹过，大树上的绿叶飘落下来。神农把这种绿叶带回家仔细观察试用后，发现了它的饮用和药用价值，并在困鹿山进行种植，于是留下了大片的古茶园。当地留下的大片古茶园及过渡型大茶树，无疑是这个传说最有力的佐证。困鹿山生长着万亩野生古茶林，属较完好的原始茶树林群落，总面积达 10122 亩，所产之茶叶清香可口，是普洱茶中的独秀，历来是贡茶的首选。1986 年在困鹿山发现 1939 亩半栽培型茶树群落开始，已经淡出江湖 300 多年的困鹿山又重新进入人们视野，并且越来越受到世人的关注。

困鹿山的茶叶在清朝的时候，就作为进贡珍品进贡到京城，所以困鹿山也被人们称为“皇家茶园”。困鹿山古茶园在清朝定为皇家御用茶园，至今已有二百多年的历史（清雍正七年公元 1729 年）。当年，云南总督鄂尔泰在普洱府宁洱镇建立了贡茶茶厂，精选当年最好的春芽女儿茶，精制成团条砖或茶膏，仅用于进贡朝廷，云南产的普洱茶在一夜之间就成了进贡朝廷茶产品中的新宠。当时，每到春天，官府都派兵上山监督春茶采摘、生产。把所有制好的紧压茶全部运抵京城，进贡朝廷，普通百姓根本喝不到这里上好的春茶，困鹿山大片古茶园就成了皇家御用茶园。

读《无心的鹿》

《无心的鹿》，是一个哲学故事。故事是这样的：

一天，森林中的大王——狮子病了，他听说鹿的血和心脏能治自己的病，于是他派遣狐狸去找森林中最大的鹿，并把它骗到洞里来。

狐狸看见一只硕大无比的鹿，便对它说："狮子病得很厉害，都快死了。它正在考虑由谁继承它的王位呢。看样子它认为只有你是最合适的人选，你身材魁梧，素有威信，如果你能去为它送终，想必你成为国王的机会更大！"

鹿欣喜地跟着狐狸走进了山洞。一进洞口，狮子就迅猛地扑向鹿，鹿下意识地闪开，可是耳朵仍被狮子撕了下来，鹿慌忙逃走。狮子没有得逞，命令狐狸再去一次。

狐狸说："这可太难办了……"看到狮子变了脸色，它马上说："不过，我会尽力办到。"

它又找到鹿："你怎么这样胆小呢？刚才大王是想告诉你一些关于王位的忠告与指示罢了，你就慌成这样，还把耳朵拽坏了。如果你再不争取，大王就会把王位传给狼。你再跟我去一次吧，我会帮你说几句好话的。"可怜的鹿又一次受骗了，它一进洞就被狮子咬住了喉咙。狐狸偷偷地把鹿的心脏当作自己的酬劳吃了。狮子吃完后，才发现怎么也找不到鹿的心。

狐狸远远地站着说："你不要再找了，要是它有心的话，就不会两次走到这里来。"

读完这故事，我悟到：德才兼备之重要！

狮子派遣狐狸去把鹿骗到洞来，用对了狐狸的"才"；而没"德"的狐狸，骗才超强，他两次花言巧语把鹿骗进了洞里，也两次骗了狮子，既瞒着狮子偷吃到了鹿心，还让狮子相信鹿没有心。而且他很了解并提防狮子，这"狐狸远远地站着说"。

鹿呢？有"德"，听狐狸说"狮子病得很厉害"，需要鹿的多担当，她就信了到"虎穴"，狮子把她"耳朵拽坏了"，她还义无反顾又一次进洞，她乏"才"，既没有识破狐狸骗局的才能，又没抗拒狮子侵食的才能。

看似德才兼备的狮子，由于，一时私心，而缺德滥钝才，不但害了鹿，自己还反被狐狸利用。

契丹人在嘉鹿山

在今内蒙古巴林左旗东北部乌兰坝有一架大山，山名为“吐尔山”。亦有“白音吉勒禾”（蒙语义为富贵的心状山）之俗称。最高峰 1494 米。而在辽代，契丹人则称之“嘉鹿山”。

这里林木蓊郁，芳草没膝，西北层峦叠障，东南草海泛波，一条发源于茫和图达坝的小溪，悠然自在林间草地上流淌，两道车辙，从山那边蜿蜒而来，又向天边曲折而走，娓娓述说着古往今来的故事。

辽代契丹人为这座大山冠以“嘉鹿”之名，不是无缘无故的。今天的巴林左旗自古以来就是鹿的故乡，辽上京博物馆收藏着多件本旗沙那、乌兰坝等地出土的新生代马鹿骨化石。在先秦时期的本地东胡、鲜卑、乌桓过着“畜牧迁徙，射猎为业”的生活，山猪野鹿是他们主要猎物。后来，土生土长的契丹人则始终以鹿为狩猎对象。《北史》卷第 94《契丹传》、《隋书》卷 84《契丹传》载：“契丹人父母死而悲哭者以为不壮。但以其尸置于山树上。经三年合乃收其尸而焚之。因酌酒百祝曰：‘冬日时，向阳食，若我射猎时，使我多得猎鹿。’”他们真诚的诉求先祖保佑他们多得猎鹿，鹿是契丹人重要的生活资料。

辽代上京以北广大地区，多为山地森林草原地带，适宜各种野兽的繁衍生长，其中鹿的繁殖能力强，野鹿资源充足，同时鹿的性情温顺，容易捕获，因此契丹人狩猎捕获最多是鹿，在长期的狩猎生产活动中，他们创造了许多猎鹿的绝招。《辽史·国语解》舔盐条载："鹿性耆咸，洒盐于地，诱启，射之"。《辽史》又载："伺夜半，鹿饮盐水，今猎人吹角鹿鸣既集而射之，谓之舔盐鹿，又名呼鹿。"他们不仅猎捕野鹿，还驯化圈养。《辽史本纪》第七《穆宗下》载："穆宗在应历十六处闰月乙丑，观野鹿入驯鹿群。"可见，辽代契丹人猎鹿和驯野鹿的技术已达到相当高的水平。

辽代时的嘉鹿山一带山高林密，沟壑纵横，禽兽遍野，美鹿成群。契丹人深深地爱着这架大山，他们不但选该山为家族墓地，同时还是他们的鹿苑和猎场，可随时猎获野鹿，品尝美味，补充生活之资。因此称之为"嘉鹿山"，表示了对该山由衷的赞美之情，并寄托厚望，希望：族人永续，松柏常青，榆柳婆娑，水草丰美，嘉鹿嬉戏……

“使鹿族群”

第五次全国人口普查数据显示，鄂温克族有 3.05 万人，是我国人口较少的少数民族之一。其中“雅库特”一支，即现居住在内蒙古根河市敖鲁古雅鄂温克族乡的鄂温克人，只有 62 户“猎民”，共 243 人。“雅库特”是世界闻名的驯鹿民族，他们主要从事驯鹿的饲养使用，被称为“使鹿鄂温克人”或“使鹿族群”。“使鹿鄂温克人”世代生活在茂密的原始森林中，他们以狩猎为生，与驯鹿为伴，一刻未曾离开过茫茫林海。他们传承独特的驯鹿文化，成为中华民族大家庭中的一朵奇葩。

“使鹿族群”的主要工作就是打猎。由于长期狩猎，他们的活动特点和动物的习性相吻合，并形成规律。如阳历二、三月份打鹿胎，五月中旬至六月中旬打鹿茸，六、七、八月份打犴、熊，九月份打鹿鞭、鹿角，十月份打飞龙，十二月份打灰鼠子。他们的生产工具也主要是狩猎工具，如地箭、扎枪、桦树皮船、滑雪板。他们吃野兽肉、野菜、野果；夏天穿鱼皮，冬天穿兽皮；用犴、鹿腿部的皮子做靴子，用犴、鹿、狍子皮做帽子外表，用灰鼠子、猞猁的皮子做帽子里子。久而久之，形成了独特的“兽皮文化”。放养驯鹿时，住的是兽皮、桦树皮做成的‘撮罗子’；吃的是野菜野果；藏的是设于树杈间的小仓库叫“奥伦”；穿的是兽皮、白桦皮制成的传统的民族服装；驯鹿也是“使鹿族群”的主要交通工具，被用来驮运猎物、驮人，是他们生产生活的重要组成部分。驯鹿属于北极圈生物，还没有被完全驯化。它长得十分奇特——马头、鹿角、驴身、牛蹄。它非常温顺，耐寒畏热，因为其没有汗腺，热了像狗一样用舌头散热。驯鹿在零下四十度都照样生活，且越冷越精神。驯鹿虽然没有被完全驯化，但长年生活在密林中，对“使鹿族群”好奇又亲近。

“使鹿族群”是亚洲至今唯一驯养驯鹿的民族，代表着一种独特的北极圈原始民族文化现象，受到积极关注和充分尊重。

千年鹿奔河姆渡

7000年前的河姆渡原始居民，住着干栏式的房子，过着定居生活。他们已经挖掘水井，饮水比以前方便了。他们饲养家畜，会制造陶器。河姆渡原始居民还制作简单的工具、玉器和原始乐器。

考古发现：河姆渡原始居民驯养动物61种34个属，140多件鹿科动物角标本中，自然脱落的22件，非自然脱落的92件，其中不少幼年鹿角，说明鹿已是河姆渡原始居民饲养的家畜。远古历法《夏小正》有：十一月“陨麋角。日冬至，阳气至始动，诸向生皆蒙蒙符矣。”河姆渡原始居民早已用鹿角从鹿头上自然坠落此法作为观测气象的参照物了。

河姆渡原始居民利用鹿，在“茹毛饮血”和“穴居野处”时期，开创出生存空间，是先民的智慧与鹿奉献的史诗。

先民受到野鹿群背风、防洪、向阳、干燥、视野开阔的群居点的启发，选址并创造了上面可以居住人下面可以养鹿的干栏式房子，从原先住在树上搬到了地上；河姆渡原始居民还利用鹿的陆行快速、遇水浮游的特性，驯化并役用鹿驮运木料。考古还发现：鹿不但为先民提供了“肉果腹、皮御寒、血驱病”，还提供了“骨制器”，有鹿骨针、镰、耜、哨、挂饰、捕捞具、垂钓鳔钩、箭头、匕首等。

千年鹿奔河姆渡，真该让我们今人深深感恩怀念。

春草鹿呦呦

春节第一篇文，少不了有“春”有“鹿”，题就定为:“春草鹿呦呦”。春草鹿呦呦，这是初春，一片生机盎然新气象；到了暮春，可就是“幽谷留春鹿养茸”，那可真是意气奋发、蒸蒸日上。

春鹿，鹿类动物中有这种动物。它是国家二级保护动物“水鹿”的别名。水鹿的别名还叫黑鹿。水鹿学名 Cervus unicolor，英文名 sambar。水鹿是热带、亚热带林区、草原以及高原地区体型最大的鹿类，常集小群活动，夜行性，白天隐于林间休息，黄昏开始活动，喜欢在水边觅食，也常到水中浸泡，善游泳，所以叫“水鹿”。感觉灵敏，性机警，善奔跑。以草、树叶、嫩枝、果实等为食。水鹿身长 140 ~ 260 厘米，尾长 20 ~ 30 厘米，肩高 120 ~ 140 厘米，体重 100 ~ 200 千克，最大的可达 300 多千克。身体高大粗壮，体毛粗糙而稀疏，雄兽背部一般呈黑褐或深棕色，腹面呈黄白色，雌兽体色比雄兽较浅且略带红色，也有棕褐色、灰褐色的个体。颈部沿背中线直达尾部的深棕色纵纹是水鹿的显著特征之一。面部稍长，鼻吻部裸露，耳朵大而直立，眼睛较大。水鹿的四肢细长而有力，主蹄大，侧蹄特别小。尾巴的两侧密生着蓬松的长毛，看上去好似一把扇子，尾巴的后半段呈黑色，腹面颜色雪白。只有雄兽头上长角，水鹿的角在鹿类中是比较长的，一般为 70 ~ 80 厘米，最长的可达 125 厘米。水鹿分布于斯里兰卡、印度、尼泊尔、中南半岛以及东南亚等地区，在中国主要分布于青海、西藏、四川、贵州、云南、江西、湖南、广西、广东、海南、台湾等省区。台湾的水鹿分布海拔高度，从清朝时的 300 公尺，提高到目前的 2000 公尺以上的中高海拔山区，多半沿著高山溪谷分布。目前在雪霸、太鲁阁、玉山国家公园、大武山自然保留区和丹大野生动物重要栖息环境内都现其种群。

剪纸动画片《水鹿》，是根据台湾民间故事改编，1985 年由上海美术电影制片厂制作，周克勤导演执导。故事梗概：

从前有一对双胞胎兄弟，经常戏弄山间邻居的瞎眼阿婆，偷喝阿婆挑在路途的水，用芭蕉皮沉入充重量；射伤小鹿，又利用瞎眼阿婆呵护小鹿，硬是换走整片椰果；瞎眼阿婆求请留点，他俩耍出十声椰子放落地上，实际只留一颗！阿婆很伤心。水鹿知道两兄弟欺负阿婆的事，在一天夜里，水鹿来了，对坐在屋外的阿婆说它有办法。第二天清早，俩兄弟闻到门外飘来一股香味，他们发现从山坡石塑中喷出泉水，味道特别的好。他们喝了，一个变成了瞎子，一个变成了瘸子，以前他们很容易办到的事情现在变得非常困难，他们也终于尝到了残疾人的痛苦。瞎眼阿婆在他们最困难的时候，给他们送去了吃的，兄弟二人特别惭愧。阿婆告诉他们在山上有一种仙草可以救被他们时伤的小鹿腿伤，于是，兄弟二人不远千里历经磨难，最终得到了仙草，治好了受伤的小鹿，也救了他们兄弟二人的眼睛和腿。原来这一切是水鹿对兄弟二人的考验，最后水鹿把仙草送给了他们。从此以后，他们过着快乐的日子，再也不去捉弄人。

今天，我们社会进步多了！虽然没有捉弄残疾人现象了，但是，关爱还要加强。常常自醒一下："区区微禄岂救贫"的想法有吗？"回身自惜麒麟步"的情况有吗？在今天，"阿婆""春鹿"还是有启发教育意义的。

春节贴“鹿”剪纸窗花

在古代农耕社会，一年之计在于春，正月之首的春节，不但成为新旧之年时间交替的端始，也象征着大地阴阳之气交合和万物复苏的生长季节的开始。人类文明史上的渔猎时代，都曾有过对鹿角的崇拜，其中缘由之一是人类对时间和历法的认识，正是从每年春天鹿茸的生长开始的。这也是古老的“物候历法”的起源。

在陕北乡村，千年传承的习俗，春节是从铰剪纸、贴窗花开始的，心灵手巧的老乡们在贴着口衔灵草的鹿纹样的窗户里迎接着春天。口衔灵草的鹿纹样是流传了几千年的古老纹饰，他们把鹿纹样剪纸叫做“倒照鹿”或者“回头鹿”，因为鹿在民间习俗中，被看作春天的祥瑞之物，常被用作谐音题材，如“鹿鹤桐椿”等，象征祈祝周而复始，绵延长久，活力旺盛的人类生命和自然生机。

民谚称：“腊月二十五，推磨做豆腐”腊尽春回，人们度过了漫长的冬天，即将进入到新的一年。按照中国民间的习俗，春节是“一元复始”的标志，人们对于过年都倍感亲切，同时也形成了很多不同的地方年俗特点。还有“二十五糊窗户”的说法，即腊月二十四扫完尘，二十五就该糊窗户、贴窗花、贴福字、挂对联，寄托祈福心愿。剪好窗花贴在打扫一新的屋子里，给家里增添了许多过年的喜气。窗花图案有各种动物、植物、人物等掌故，如：鹿鹤桐椿（六合同春），喜鹊登梅，孔雀戏牡丹，狮子滚绣球，三羊（阳）开泰，二龙戏珠，五蝠（福）捧寿，犀牛望月，莲（连）年有鱼（余），鸳鸯戏水，刘海戏金蝉，和合二仙等等。

圣诞老人和驯鹿

西方人的“圣诞节”就像华人的“春节”这样隆重。圣诞老人和拉雪橇的驯鹿，给我的印象最深。

圣诞老人坐的雪橇，是用驯鹿（Reindeer）来拉的。领头的圣诞驯鹿名字叫鲁道夫（Rudolph），有个红鼻子。给圣诞老人拉雪橇的驯鹿有 9 只：鲁道夫（Rudolph）、猛冲者（Dasher）、跳舞者（Dancer ）、欢腾（Prancer）、悍妇（Vixen）、大人物（Donder）、闪电（Blitzen）、丘比特（Cupid）、彗星（Comet）八只负责出力拉，其中一只“红鼻子鲁道夫（Rudolph）”是开路的领头鹿。

有故事说：从前有一只驯鹿名叫鲁道夫，它是这个世界上唯一长着大红鼻子的驯鹿。人们很自然地叫它红鼻子驯鹿鲁道夫。鲁道夫为自己独一无二的鼻子感到非常难堪。其他的驯鹿都笑话它，就连自己的父母兄弟也因此被嘲笑。有一年的平安夜，圣诞老人正准备驾着四只健壮的驯鹿去给孩子们送礼物，这时，一场浓雾笼罩了大地，圣诞老人知道，在这样的天气里是无法找到任何烟囱的。突然，鲁道夫出现了，它的红鼻子显得比任何时候都亮。圣诞老人立刻意识到他的难题解决了。他把鲁道夫领到雪橇前，套上缰绳，然后自己坐了进去。他们出发了！鲁道夫驮着圣诞老人安全地到达了每一根烟囱。不论雨雪风霜，什么都难不倒鲁道夫，因为它的亮鼻子像灯塔一样穿透了迷雾。

驯鹿主要以冻土带的植物为食。夏天它们吃青草、树叶和鲜蘑；冬天，扒开积雪寻找地衣和苔藓吃。然而，它也不放过捕捉旅鼠的机会；遇到鸟巢时，也会把鸟蛋及幼雏一扫而光。北极驯鹿又名北方鹿，并非驯养之鹿。驯鹿区别于世界上其他鹿种的最大特点是，雄鹿和雌鹿都长着树枝般的角。驯鹿的名字是从印第安语“克萨里布”演变而来，其意为“雪路先锋”。这个名起得非常恰当，因为它强壮而灵活的四肢及那坚硬而宽大的四蹄，使它不仅在雪地上行进自如，也能从1米深的坚硬雪里刨出食物。

圣诞老人的传说，在数千年前的斯堪的纳维亚半岛即出现。北欧神话中的奥丁神（司智慧，艺术，诗词，战争），在寒冬时节，骑上他那八脚马坐骑驰骋于天涯海角，惩恶扬善，分发礼物。与此同时，其子雷神穿着红衣以闪电为武器与冰雪诸神昏天黑地恶战一场，最终战胜寒冷。据异教传说，圣诞老人为奥丁神后裔。也有传说称圣诞老人由圣·尼古拉而来，所以圣诞老人也称St.Nicholas.因这些故事大多弘扬基督精神，其出处，故事情节大多被淡忘，然而圣诞老人却永驻人们精神世界。斯堪的纳维亚半岛古称为scandia，意为“斯堪的纳维亚人居住的之地”。“斯堪的纳维亚”（Scandinavian）一词源自条顿语“skadino”，意为“黑暗”，再加上表示领土的后缀 -via，全名意为“黑暗的地方”。因半岛地处高纬，冬季的斯堪的纳维亚，黑暗而漫长，人们仿佛生活在阴影之中。白天很快结束，家家烛光闪烁，人们开始在温馨舒适的家里享受生活。斯堪的纳维亚人在家里使用蜡烛和间接灯具照明，更加自然的光源使得自己居住的空间感觉更宽敞、惬意。驯鹿种群分布在环北极圈冻土带的苔原和森林地区，比较集中于斯匹次卑尔根群岛、斯堪的纳维亚半岛直至东西伯利亚一带。自古以来，萨米人就居住在斯堪的纳维亚最北端的内陆地区，以游牧驯鹿为生。现在，许多萨米人已经定居生活，但有些部落依旧保持着传统文化，持续着他们长久的生活方式。萨米人认为鹿与超自然力有关，一看见驯鹿就会联想起冬天的到来，因此，在他们的民间传说中有驯鹿为圣诞老人拉车的故事。

岁月让故事升华，圣诞老人成了超自然力神的化身；雨雪雾天特别明亮的红鼻子鹿，成了“灯塔一样穿透了迷雾”；萨米人自家命名的驯鹿名，被百里挑一成了为圣诞老人拉雪橇那九只驯鹿的美名……

“易”卦禄官之光

“飞龙在天，利见大人。”这是《易经》中的两句。

《易经》是产生于商周之际的一部占卜之书。“飞龙在天”是卦象，形象描绘它是一条巨龙在天空中飞翔。龙，角似鹿、头似驼、眼似龟、耳似牛、颈似蛇、腹似蜃、鳞似鲤、爪似鹰、掌似虎。自然界找不到，象征的喻意比实际存在的动物更具魅力，数千年来，在华夏子孙心目中，便获得一种超越的神性，成为吉祥的象征。舞龙飞龙，身姿优美、飘逸，蓝天白云让飞龙形象鲜明，色彩绚丽，宣泻出光明与辉煌，寓含盛世吉祥。“利见大人”是卦意（是解说卦象的辞语），意思说：有此吉祥的卦象，正是晋见大人（身居高官厚禄之位者、掌握禄位官职授予权者）攀枝的好时机，见大人必大吉大利。故“飞龙在天，利见大人”卦，乃禄官之光。

后世流传为便于生动解说和记忆，“飞龙在天，利见大人”卦，所在的“乾卦”被编成更具体、明确、生动的韵语签诗：“天门一卦榜，预定夺标人，马嘶芳草地，秋高得鹿鸣”。“夺标人”指科举考试高中上榜的考生，“秋”是考试进官的时节，“得鹿”就是得禄，意谓：参加秋日考试，可得高官厚禄。

编成上上灵签。“算命解签：大吉，事业、财运、健康、婚姻均顺遂。见龙在天利见大人，君子得之终日安逸，若以是自强不息，居上不骄，在下不忧，大吉也。灵签详解：这首灵签诗不管是求事业、健康、财富、婚姻爱情各方面都会令你心花怒放。它是大吉大利的上上灵签。句中的意思是说，公告栏上贴着上榜的榜文，而你的名字就在上面，以前的努力终于没有白费，你终于脱颖而出出人头地了。骏马在芳草连天的原野上，放蹄奔跑好不得意。秋天小鹿阵阵的鸣叫声，宛如阵阵乐曲，欢乐而又动听，就像在祝贺你成功一样。仿佛一切都是命中注定似的。这首算命灵签诗预言着不论求学、升职、谋事、事业……，都将给你带来步步高升的喜悦，你可以放一百二十个心了，好好快乐的过现在的生活，保证一切会非常的顺心”。

华佗五禽戏有鹿练筋

“虎练骨，鹿练筋，熊练脾胃，猿练心，鸟练皮毛、气贯周身，常练‘五禽戏’，舒心顺气，能调节身体。”这是华佗五禽戏一代宗师、第57代传人、原亳州市武术协会副主席董文焕先生的心得。

“五禽戏”是神医华佗发明的一套健身功法，它编排合理，行之有效，而且老少皆宜。经过了1700多年的历史证明，“五禽戏”是一个理想的防病、治病的健身功法，被国家体育总局确定为大众健身项目。入选第三批国家级非物质文化遗产。

五禽即虎、鹿、熊、猿、鸟。五禽戏的动作是模仿虎的扑动前肢，鹿的伸转头颈，熊的伏倒站起，猿的脚尖纵跳，鸟的展翅飞翔而形成。由于这五种动物的生活习性不同，活动的方式也各有特点，或雄劲豪迈，或轻捷灵敏，或沉稳厚重，或变幻无端，或独立高飞。通过模仿它们的姿态进行运动，可以舒展筋骨，畅通经脉，使手足灵活，目的是间接地达到锻炼脏腑的作用，最终达到防病祛病的目的。相传华佗在许昌时天天指导许多体弱的人在旷地上做这套体操。他认为，经常做这套操，可以预防疾病，强身健体。身体稍有不舒服时也可以练一练。练到微微汗出，再给全身扑点儿粉，身体轻便，食欲也会增加。他的学生吴普用此法强身，到90多岁还耳聪目明，齿坚发固。

从现代医学的角度看，五禽戏是一种行之有效的锻炼方式。它能提高神经系统和大脑的抑制功能，有利于神经细胞的修复和再生。它能提高心肺功能，改善心肌供氧量，促进组织器官的正常发育。同时，还能提高肠胃功能，促进消化吸收，为机体活动提供养料。华佗编创的五禽戏早期并无文字流传，只是在南北朝时期陶弘景的《养性延命录》中才见到相关的文字记载。后世据此受到启发，创编并发展了多种流派的“五禽戏”，练法不下十几种，且动作变异较大，但基本原理是相同的。

鹿戏：四肢着地势，吸气，头颈向左转，双目向右侧后视，当左转至极后稍停，呼气，头颈回转，当转至朝地时再吸气，并继续向右转，一如前法。如此左转二次，右转两次，最后回复如起势。然后，抬左腿向后挺伸，稍停后放下左腿，抬右腿如法挺伸。如此左腿后伸三次，右腿两次。

过年，鹿等动物递诉状

春节，人们亲朋好友相聚，拉家常说过去，谈天论地，更有通宵达旦，无所不谈无所不议。动物们也听懂一些与它们相关的，不过，听多了忍不住也议论起“人”来。昨天，鹿、驴、牛、猫、狼、狈、鼠、狐、虎、猪、狗、熊、兔、狮、龟、鸟、鱼、蛇、象、马、羊、猴、鸡、蛙、虫、豹，聚到龙潭湖，这一言那一句，义愤填膺。

猫说：人搞阴谋诡计，却叫猫腻。把猫扯上了，猫又没参与。

狼说：人大鱼大肉大吃大喝，却说狼吞虎噬。狼还怕被人也吞噬了。

狈说：人合伙干坏事，却说狼狈为奸。狈又没与人一起干事。

驴说：人蠢，却说蠢驴。驴不就耐劳任怨，这错哪了？

鼠说：人没远见，却说鼠目寸光。我又不会飞，看远干嘛？

虎说：人贪心地看着想占为己有的东西，却说是虎视眈眈。

狮说：人乱提要求，却说狮子大开口。我本来口就大嘛！

狐说：人装模作样，仗势欺人，却说成狐假虎威。

兔说：人尾巴在进化中逐渐退缩而成为了没尾巴的，却说兔子尾巴长不了。

鸟说：人到处要捕杀鸟，却还笑惊弓之鸟。

狗说：男人把女人肚子搞大了，却硬骂狗日的。

龟说：男人无能，却又指缩头乌龟。

熊说：人怂，却说熊样儿。

猪说：人脑筋不开巧，却骂猪脑。

鹿说：人死追名求利还建墓地，却说鹿死不择荫。

鱼说：人混水摸鱼，却说鱼目混珠。

牛说：人说大话，却叫吹牛。

蛇说：人中有形形色色的坏人，却说坏人是牛鬼蛇神。

象说：人心不足，却说是蛇（要）吞象。

马说：人弄巧成拙事一旦败露，却说是露马脚。

羊说：人现在是官多民少，却说是丨羊九牧。

猴说：人相貌丑陋粗俗，却叫尖嘴猴腮。

鸡说：人做事两头落空一无所得，却怪说是鸡飞蛋打。

蛙说：人见识狭窄，却讥笑井底之蛙。

虫说：人呀自扰自困，却说是作茧自缚。

豹说：人胆大，却说是吃了豹子胆。我今天支持你们大胆依法诉求。

这26动物一致认为：龙，角似鹿、头似驼、眼似龟、耳似牛、颈似蛇、腹似蜃、鳞似鲤、爪似鹰、掌似虎。自然界找不到龙这动物，但龙则存在着超越人这动物的力量，人很崇拜龙，而且龙年12年才一遇。我们向龙去递状吧！

被告：人，地址：地球上的好风光、好地方，电话：114

原告：26动物，地址：地球上人不敢去、不想去的地方，电话：120

事由：如上所述。

请求：人，好自为之，保生态、护环境，爱护、尊重动物。

备注：除夕，收到我国科普、环保专家郭耕老师发来8动物的诉状，深知问题严重，进一步听了26动物的发言，形成此文。帮助动物也是帮人类！

鹿让“大”从图到文字

甲骨文是中国的一种古代文字，被认为是现代汉字的早期形式，有时候也被认为是汉字的书体之一，也是现存中国最古老的一种成熟文字。古代甲骨上的刻画痕迹被确认为是商代文字，是 19 世纪末和 20 世纪初的中国考古的三大发现之一（其余两个为敦煌石窟、周口店猿人遗迹）。可是它的发现过程，十分偶然而又富戏剧色彩。

清光绪二十五年（1899 年）秋，任国子监祭酒（相当于中央教育机构的最高长官）的王懿荣（1845-1900 年）得了疟疾，派人到宣武门外菜市口的达仁堂（今人考为西鹤年堂，下同）中药店买回一剂中药，王懿荣无意中，看到其中的一味中药叫龙骨的药品上面刻画有一些符号。龙骨是古代脊椎动物的骨骼，在这种古老的骨头上怎会有刻的符号呢？这不禁引起他的好奇。对古代金石文字素有研究的王懿荣便仔细端详起来，觉得这不是一般的刻痕，很像古代文字，但其形状又非籀（大篆）非篆（小篆）。为了找到更多的龙骨作深入研究，他派人赶到达仁堂，以每片二两银子的高价，把药店所有刻有符号的龙骨全部买下，后来又通过古董商范维卿等人进行搜购，累计共收集了 1500 多片。他对这批龙骨进行仔细研究分析后认为，它们并非什么“龙”骨，而是几千年前的龟甲和兽骨。他从甲骨上的刻画痕迹中，逐渐辨识出

“雨”“日”“月”“山”“水”等字，后又找出商代几位国王的名字。由此肯定这是刻画在兽骨上的古代文字，从此这些刻有古代文字的甲骨在社会各界引起了轰动，文人学士和古董商人竞相搜求、研究。

汉字与古代埃及的圣书字、古代两河流域的楔形文字并称为古老的表意文字。汉字本身的发展，从字体看可以分为古文字阶段和隶楷阶段。古文字阶段起自商代（以甲骨文为代表），止于秦代，历时1000余年。从时间顺序上分，有商代文字，西周春秋文字，六国文字，秦系文字等；从文字载体上分，有甲骨文、金文、陶文、印章封泥文字、简帛文字、石刻文字等。甲骨文作为最早的系统文字，对其他古文字有着广泛而深远的影响。

既然，甲骨文已经是成系统的比较成熟的文字，在此之前必然还有其他更古老、原始的文字。《周易》上说：“上古结绳而治，后世圣人易之以书契。”但结绳记事的作用只是以实物来唤起人们的记忆，因此绝无演化为文字的可能，原始的文字应该是从绘画中产生的。在远古居民遗留下来的岩画、石刻符号、族徽等大量带有图案的信息中，又如何去判断哪一种仅仅是图画，哪一种是文字呢？语言学家对图画到文字的定义是：一旦图画与语言形式之间出现了约定俗成的固定联系时，它就完成了图画到文字的过渡。正是古人看见：岩画中，一个正面人形的“大”字和一只鹿形的“鹿”字，出现了约定俗成的固定联系，便立刻想到这是指“大鹿”，而不是指人饲养鹿、猎鹿等其他意思，这样“大”字，便从图画中脱胎出来成为文字。但这个过程非常漫长。

人类吃的第一块烤肉是鹿肉

我国境内的原始人类，最著名的有元谋人、蓝田人、北京人、丁村人、许家窑人等，他们是我们共同的祖先。他们生活的漫长历史时期，一般称之为原始群时代。这是“从猿到人”的过渡阶段，始于人类社会的产生，终于母系氏族公社的形成，大约相当于旧石器时代早期和中期，占原始社会的绝大部分时间。当时的生产力极为低下，先民们主要以采集天然食物和渔猎为生。他们还必须结成一定的群体，进行互助和抵御野兽的侵袭。

原始先民们最初过着茹毛饮血的生活，不知道用火，甚至对火充满了畏惧。有时候，一场突如其来的雷火引燃大片森林，动物四散逃命。大火灭后一段时间，幸存下来的先民们失去了重要的食物来源，生存受到严重威胁。万般无奈之下，他们只好在灰烬中寻找可吃的东西。不久，他们惊喜地发现，被火烧过的动物肉味道鲜美，比以往吃的生肉要好多倍。于是，他们开始留意将火种保存起来。后来又经过长期的实践，先民们发现火不但能烧熟食物，还能照明、驱寒，于是就有意识地采集火种，并开始用火将食物烧烤熟了再吃。

由于大多鹿类动物喜欢集群生活且性情温顺，在当时以狩猎为主要生活来源的人类眼中，鹿就成为了一种最主要的猎捕进而烤食的对象。

古人类学遗迹发掘表明，早在170万年前的元谋人就食鹿肉、用鹿骨，当时元谋人生活在凉爽的稀树草原环境中，除马和水牛外，鹿和麂种类最多，是主要的猎食对象，并将其骨烧制成骨器工具。稍晚的山西芮城西侯度人遗迹和陕西蓝田人遗迹的发掘都证实了这一点。距今约60～20万年前的北京人遗迹发掘更丰富，研究结果表明北京人当时主要的猎食对象是肿骨鹿（Megaloceros pachyosteus）和葛氏斑鹿（Cervus grayi），从发掘的数量来看，这两种鹿的个体都在两千只以上，是最多的。此外，有趣的是肿骨鹿的角大多是脱落的，葛氏斑鹿的角还长在头骨上，这表明前者是秋末冬初猎获的，而后者是夏季猎食的，人们对鹿的迁徙路线和生活习性已有所了解。据化石记录，从中新世至更新世，我国鹿类化石共发现四十多种，除七八种的鹿现尚有存活外，绝大多数已经灭绝。北京人的骨角器有三种：鹿的头骨，做成水瓢状，用以盛水；鹿角，从根部砍下者，可作锤子，有角尖的可作挖掘工具；鹿肢骨，沿长轴劈开做成尖刀，或做成尖状器，用以挖植物根或扒掘鼠洞。这时北京人已懂得先将鹿的角根和长骨用火焙烤，然后再用石器砍石运斤，制成锤、刀等骨角器。北京人所以能够猎鹿食用，并不是靠他们那些粗制的石器，而是他们对鹿类生活习性的了解。

肿骨鹿属偶蹄目，是大角鹿属的一个种，这种已灭绝的动物被发现于更新世中期的地层中，化石在中国长江以北地区，如河北、山东、北京、山西等地都有发现。考古学家通过骨骼复原发现：它的个体大小如“四不像”，鹿角大而粗壮，眉枝垂直扁平，主枝远端呈掌状分叉。因头上巨大的角，身体其他部位发生了相应变化，头骨、四肢骨就变得十分粗壮，下颌骨有明显的厚肿现象，因而得名“肿骨鹿”。这种身体结构决定了它的行动不会太灵活，因而成为人类的狩猎对象。肿骨鹿生活在与北京猿人同时期的中更新世，最晚也要到距今 13 万年以前。北京人遗址中出土的食草类动物中，肿骨鹿化石数量最多。

由上述研究发现成果，不难推论：人类吃的第一块烤肉是鹿肉，这概率是最高的。

“猎鹿博弈”合作智慧

“猎鹿博弈”，源自启蒙思想家卢梭的著作《论人类不平等的起源和基础》中的一个故事。古代的一个村庄有两个猎人。当地的猎物主要有两种：驯鹿和野兔。如果一个猎人单兵狩猎，一天最多只能打到 4 只野兔。只有两个猎人一起合作配合才能猎获一只驯鹿。从填饱肚子的角度来说，4 只野兔能保证一个人 4 天不挨饿，而一只驯鹿却能使两个人各吃上 10 天。这样，两个人的行为决策就可以形成两个博弈结局：分别猎兔，每人得 4；合作猎鹿，每人得 10。

卢梭在该书中将猎兔与猎鹿进行了对比，猎兔时不合作的风险较小，但回报同样较小；猎鹿时则要求最大程度的合作，但回报也大得多。理性人一方面考虑风险，另一方面考虑互利。能否成功求解上述问题取决于合作程度。

要获得驯鹿，最重要是需要两个人合作。所谓合作，是需要他们在森林两个地方分开捕猎。在过程中，两位猎人必须避免胡乱开枪，以免惊动猎物。一旦猎获驯鹿，双方就能分享成果。对于两名猎人来说，所得的收益大于猎兔所得的收益。

至于野兔，单靠一个人的力量就可以猎得，但这也意味着驯鹿会被枪声吓走，令猎人无法捕获。猎人之所以可能变节改为猎兔，当然就是因为看见天快黑了，不想为了坚持合作而空手回家。

这一案例中有一个隐含的假设，就是两个猎人的能力和贡献差不多，所以双方均分猎物。但是实际情况显然不会这么简单。如果一个猎人的能力强、贡献大，他就会要求得到较大的一份，这样分配的结果就可能是（14、6）或（15、5）。但有一点是肯定的，能力较差的猎人的所得，至少要多于他独自打猎的所获，否则他就没有合作的动机。假设猎人甲在猎鹿过程中几乎承担了全部的工作，他据此要求最后的分配结果是（17、3）。这时相对于分别猎兔的收益（4、4），合作猎鹿就不具有优势。虽然这样 17 比 4 多，改善了很多，17+3 也比 4+4 大得多，猎人总体收益也改善了很多，但是由于 3 比 4 小，猎人乙的境遇不仅没有改善，反而恶化。也就是说他的收益受到了损害。所以站在猎人乙的立场，(17、3）没有（4、4）好。如果合作结果是这样，那么，猎人乙则一定不愿合作。所以，为了发挥最佳优势，就必须充分照顾到合作者的利益，使他的收益大于不合作时，他才会愿意选择合作，这时，甲必须让自己的能力所得放少得些，从而实再双赢的最佳结局。

这是有普遍意义的合作双赢原理。

天涯共鸣鹿有声

远古以来，生活在不同地域的人，在对待“鹿”，还是有些相似之处。

利用鹿，肉果腹、皮御寒、血驱病、骨制器。

美洲的古猎人以猎取猛犸、鹿类等动物为生，他们用食肉后丢弃的动物骨头作为工具。1932 年，在美国阿拉斯加的育空河附近就曾发现了用鹿骨制作的刮刀，经测定其年代距今已有 27000 年。

苏联学者在与北美临近的楚科奇半岛考察原始部落时，发现了大量石器，其中有石镞、石刀等。这一发现不仅推翻了以前认为楚科奇半岛内陆地区无人居住的说法，而且还证实了新石器时代这里曾有猎鹿者和捕鱼者居住。

中国古人类学遗迹发掘表明，早在 170 万年前的元谋人就食鹿肉、用鹿骨，鹿和麂种类最多，是主要的猎食对象，并将其骨烧制成骨器工具。稍晚的山西芮城西侯度人遗迹和陕西蓝田人遗迹的发掘都证实了这一点。距今约 60 ~ 20 万年前的北京人当时主要的猎食对象是肿骨鹿和葛氏斑鹿，从发掘的数量来看，这两种鹿的个体都在两千只以上，是最多的。此外，北京人的骨角器有三种：鹿的头骨，做成水瓢状，用以盛水；角，从根部砍下者，可作锤子，有角尖的可作挖掘工具；肢骨，沿长轴劈开做成尖刀，或做成尖状器，用以挖植物根或扒掘鼠洞。这时北京人已懂得先将鹿的角根和长骨用火焙烤，然后再用石器砍石斤，制成锤、刀等骨角器。

把猎鹿生活创作成狩猎岩画，所表现的鹿类动物既是被猎杀的对象，又是受敬畏的对象。狩猎岩画是狩猎者的艺术，其目的是为了狩猎的成功和动物的繁殖，这与欧洲原始洞穴壁画异曲同工。在中国北方阴山乌拉特中旗发现的"猎鹿"岩画，充分显露出创作者的心理动机。整幅画面突出野鹿的地位，它虽身中数箭，却依然屹立不动，体现出远古先民对野鹿存有的巫术意图。新疆新源县岩画中，狩猎者手中的箭，已被意化为长长的一根线，表现出狩猎者对动物的占有欲。

利用驯鹿驮物和拉雪橇，遴选驯鹿做重大节庆活动的吉祥物，传承延续至今。自古以来，萨米人就居住在北欧的斯堪的纳维亚最北端的内陆地区，以游牧驯鹿为生，用驯鹿驮物和拉雪橇。圣诞老人的传说，驯鹿为圣诞老人拉车的故事，在数千年前的斯堪的纳维亚半岛即出现。拉雪橇的驯鹿也成了圣诞的吉祥动物。中国内蒙古根河市敖鲁古雅鄂温克族乡的鄂温克人，世代生活在茂密的原始森林中，他们以狩猎为生，与驯鹿为伴，驯鹿也是鄂温克人的主要交通工具，被用来驮运猎物、驮人，是他们生产生活的重要组成部分。庆典活动总要把驯鹿挂上红带子打扮得喜洋洋。

把鹿作为观测气象的参照物。中国考古发现河姆渡原始居民早已用鹿角从鹿头上自然坠落此法做为观测气象的参照物了。后来才有远古历法《夏小正》：十一月"陨麋角。日冬至，阳气至始动，诸向生皆蒙蒙符矣"。而萨米人则认为鹿与超自然力有关，一看见驯鹿就会联想起冬天的到来。美洲土著人的观念中，鹿角象征着生命之树和太阳的光芒，鹿角的脱落和新生代表着自然的再生。人类文明史上的渔猎时代，都曾有过对鹿角的崇拜，这是因为人类对时间和历法的认识，正是从每年春天鹿茸的生长开始的。这也是古老的“物候历法”的起源。

在印度的佛教中，鹿是象征着祥瑞和美丽智慧的神圣之物。在中国敦煌的佛本生故事中，北魏时期著名的《九色鹿舍己救人》的壁画，描写的就是美丽善良的九色鹿的故事，这是中国佛教绘画艺术中的经典之作。吉祥之鹿的艺术符号，一直伴随着人类走了几千年的历史路程。

天涯共鸣鹿有声，这是人类文明史上人与鹿谱写的一个个动人音符。

古老的吊麂子

山民有一种古朴的狩猎方式叫“放吊”，也叫“下弓吊”，鲜为人知。随着对麂的有效保护，“放吊”也几近丢失了。但它在当年的运用曾经给猎物有个休养期，而免于滥杀。这里只是记忆这丢失的猎技能罢了。

老山民说，过去捕杀栖息于密林、草丛、山地丘陵的麂，就是用“放吊”。猎人的经验总结说：山羊走岩麂走岗。麂要到立冬至春分这段时间才有“路”，是讲麂走的道有规律，来来去去有了准头，不再像平日撒着脚在山上跑。吊麂子，就要找到麂子路，就能大致算出它来回出没的时间，装上吊，到了日子去取，十有七、八不空吊。

到了有“麂子路”的时节，山民背着几张竹弓，拿着铁铲，在山岗的荆棘草丛里寻找着麂子的足印、粪便、麂毛，然后在认为它们必走的地方用铲铲个小方坑，掘深七八寸，掘出的土要扔得远远的。在坑边放了两小片木板，这叫活挡。然后在活挡的边上，钉了两根小木桩，活挡就卡在木桩上。这时，取出了吊绳。这根吊绳是当地所产的棕绳，并不长，只不过两尺左右，奇特在有一头较细，尾梢又做有小圈。将绳的另一头穿过小圈，就形成了一个活套。将绳的另一头拴到旁边的小树丫上，然后要将树压弯，形成弓。将一个比拳头大的绳活扣摆在活挡上，然后放树，试试它的弹力。比试了几次，才将活套绳头的一根更细的绳子，固定在一个插下土中的小竹弓上。等到做完这些，取出一根绳子，再拴到树丫拴绳处。落吊后，盖上尘土草屑，做好伪装。

老山民说，麂的嗅觉非常了得，很远就能闻到陌生气味，发觉气味不对，马上改走别路。去放吊，身上不能有任何有特殊气味的东西，再就是不能吐口水、擤鼻涕、撒尿，汗珠也不能掉在地上。如果留下了气味，现场伪装得再好，也是白费力气。

麂，远没有鹿科动物那样能赢得人的爱意，但这麂也是鹿属。麂，同样有山泉般明亮柔顺的眼睛，同样有如同工艺品般的流线型身体，麻黄的毛虽然泛不出多少名贵的气色，但它那双眼睛，很令人生出怜惜之情，陆游写诗曾有拿它来做比喻，“细细桃枝竹，疏疏麂眼篱”，足见其对麂眼的留意。

孔子闻韶不知麃味

《论语·述而》有云："子在齐闻《韶》，三月不知肉味"，说的是这么一件事。

公元前 517 年（齐景公 31 年），因为鲁国发生动乱，鲁国大夫孔子（当时年龄 35 岁）为避乱来到齐国，暂时居住在与齐景公关系十分密切的齐国大臣高昭子家里，等待时机想晋见齐景公。在高昭子家里，孔子见到了齐国的乐师，听齐国乐师演奏了《韶》乐，跟齐国乐师学习《韶》乐。

早年孔子出使东周，曾顺便向东周大夫苌弘请教过《韶》乐。苌弘说："据弘愚见，韶乐，乃虞舜太平和谐之乐，曲调优雅宏盛；武乐，乃武王伐纣一统天下之乐，音韵壮阔豪放。就音乐形式来看，二者虽风格不同，都是同样美好的。""从内容上看，韶乐侧重于安泰祥和，礼仪教化；武乐侧重于大乱大治，述功正名，这就是二者内容上的根本区别。"孔子悟说："如此看来，武乐，尽美而不尽善；韶乐则尽善尽美啊！"苌弘称赞道："孔大夫结论尽善尽美啊！"

韶乐，史称舜乐。舜作《韶》主要是用以歌颂尧帝的圣德，并示忠心继承。此后，夏、商、周三代帝王均把《韶》作为国家大典用乐。周武王定天下，封赏功臣，姜太公以首功封营丘建齐国，

《韶》传入齐。在齐国，论、听、习《韶》乐，孔子进一步印证了苌弘的见解。而孔子出于儒家礼仪教化的信念，对韶乐更情有独钟，终日弹琴演唱，如痴如醉，常常忘形地手舞足蹈。一连几个月，睡梦中也反复吟唱，吃饭时也在揣摩韶乐的音韵。

有一天，齐国大臣高昭子得到齐景公赏赐的两只鲜麂子肉腿，便让家厨高手取一块麂子肉，用水、火、醋、酱、盐、梅，烹调煮成鲜嫩可口的麂羹，请孔子吃。余下的麂子肉，切为三寸长、一寸宽的条，入盆，把姜、蒜、葱、盐、酱油、花椒、八角、白酒入碗对成腌汁，倒入麂肉条盆内，用手反复搓揉至肉质松软，盖上盖，腌渍一天，取出挂在阴凉通风处，阴干成麂子干脯。备以煮、炸、烤，给孔子吃。

孔子是对韶乐已入化境的知音。他深感，韶乐之所以尽善尽美，因为尧舜的仁德精神，融透到韶乐中间去。他共鸣所引起的不论是偏于道德实践的“启迪”，或偏于美学的“沉醉”，都显示孔子与作品之间进入了水乳交融的境界，呈现艺术创作与欣赏合一的整体性。

这“超越式的沉醉”，以至于连当时难得的野味麂肉的肉味也没感觉。这种现象，今天已被科学证明。“英国《自然·神经科学》杂志刊登报告说，加拿大麦基尔大学等机构研究人员请一些对音乐‘特别有感觉’的人参与试验，让他们听各种不同的音乐，同时利用功能磁共振成像技术监测其大脑活动。结果显示，他们在听特别喜欢的音乐时，大脑中的多巴胺含量明显上升，这与美食在大脑中引起愉悦反应时的情况相同”。也就是说：大脑在听音乐时的感觉可以比享受美食更好，这正应了孔子当年听过美妙韶乐后的感叹，“三月不知肉味”。

于志学画驯鹿

国家一级美术师于志学的画鹿作品，市场反映如同他作品风格一样“冷逸”。一份“于志学作品2011年春季拍卖详情”表明：全国40家拍卖公司推出78件于志学作品，平均起拍价20216元；成交8件，平均成交价37300元，流拍89.74%。其中以鹿为题的6件，全部流拍。

于志学，冰雪山水画创始人，自1960年开始研究雪景画，历经20年，在传统的基础上，填补了传统中国水墨画一千多年来不能直接画雪更不能画冰的空白，使传统中国画的表现对象由山、水、云、树拓展到山、水、云、树、冰雪，创立了中国画“白的体系”。他画驯鹿也富有传奇！

从1961年于志学踏入额尔古纳河边的奇乾鄂温克民族乡开始，鄂温克人的狩猎生活方式，特有的交通工具驯鹿，狩猎不可缺少的猎犬和鄂温克人居所“撮罗子”，深深吸引了于志学，他同老猎人拉吉米、瓦罗加、马克西姆以及玛利亚索、奥考列、双克、芭拉杰伊以及他们的后代结下了深厚的友谊。从那以后，大兴安岭北坡原始大森林和游猎的敖鲁古雅鄂温克民族成为于志学艺术生命重要的组成部分，冰雪山水、“森林之舟”的驯鹿（四不象）、敖鲁古雅鄂温克人成为他一生钟爱的表现对象。驯鹿也几次帮助或救了他，令他终生难忘。

他亲笔记述到："一天，我失足掉在开春的冰河里，在岸上的母鹿看到了，飞快地跑过来，跳入冰河，它用鹿角紧紧顶着我，我抓住鹿角，它一点点将我送到坚固的冰面上。我得救了，但它试图从河水中游出来，却因硕大的鹿角被迅速涌来的坚冰夹住了，动弹不得。它拼命挣扎，也无济于事。渐渐地，它的体力耗尽、热量耗光，精疲力竭沉到了水里，再也没有上来"。

"上世纪七十年代初，我再次去大兴安岭北坡体验生活，又来到敖鲁古雅。离鄂温克猎民点还有百里多路，我的腿已经累得蹒跚行路了"，"我第一次骑着驯鹿赶到了猎民点。我骑在驯鹿身上，随着驯鹿的走动，我的身体也在驯鹿的身上来回挪动，我不习惯，身子摇摇晃晃，很不舒服，好像随时都能滑下来。为了保持平衡，我用两腿紧紧地夹住驯鹿，我的样子引得大家哈哈大笑。"

于志学说，鄂温克人见我的手露在外面画速写，冻裂了，就用驯鹿皮给我缝了一个皮手套，见我的棉鞋磨破了，又特意为我做了双驯鹿皮靴子，在我下山时，为我带上驯鹿肉干。

于志学曾亲笔记述到"在贝尔茨河，我牵着驯鹿走着，我感觉到了冰面在我的脚下微微颤动。走着走着，就听见冰层下面发出"啪、啪"的爆裂声。我喊瓦洛加，冰面风大，他没听见。待我正要喊第二声时，只听'噗通'一声，我和几头驯鹿一下掉进冰河里。我想着瓦洛加的话，紧紧抓住缰绳，没有沉到水下，两头驯鹿硕大的鹿角咔咔到了冰面上。瓦洛加见我和驯鹿落水，大声向我喊着并比划着，让我抱着鹿的脖子，他自己则迅速地连打几个滚儿到达对岸。只见他把皮衣一甩，抽出插在靴子里的猎刀，片刻工夫就砍下一棵碗口粗的松树，然后把随身带的皮绳往胳膊上缠绕几圈后，就势往冰面上一扑，连续在冰面上打几个滚后停在离裂开的冰窟窿八、九米处，他将手中的皮绳用力一甩，不偏不倚正好套在露出冰面的鹿角上。我拼命抓住驯鹿，以防被水冲跑。瓦洛加套住鹿角后，用砍下的松树将冰面一点点敲碎，破冰开路，好让我和驯鹿慢慢地游过来。他一边救人，一边还要提防自己不慎踩碎冰面落水。在他的救助下，我和两头驯鹿安全到达了对岸，但其它几头鹿却无影无踪。”

于志学多次和老猎民拉吉米外出打猎，冒着零下四十多度的严寒，夜宿野外。在祖国最北部的古莲，他不慎掉进了雪壳，是大智大勇的优秀老猎手拉吉米舍身将他救助出来。拉吉米“冬天里雪地的河水总是黑的”一句话，给了他“法在自然中”的巨大启迪，使他克服了冰雪山水画久久没有解决的上重墨问题……

他深入鄂温克人的生活，随同鄂温克人一起搬家。了解到鄂温克的女人也和男人一样出猎。他“在猎民点住了两周以后，一头母鹿产下一头小鹿”。他到“撮罗子”里做客，了解到：鄂温克人游动性大，他们每到一处，就砍倒十几棵碗口粗的松树，支起一个圆锥型的框架，再将架子四周围上帆布，那里就成了他们的家，俗称“撮罗子”。在撮罗子顶部留有排烟的通道，可以在里面生火做饭，鄂温克人的饮食主要以食烤鹿肉、鹿奶为主，此外，还受俄罗斯影响，自己烤炙面包。鄂温克人喝的鹿奶，都是刚挤出的鲜奶，他们先把奶上面漂浮的一层黄油刮去，留做烤面包用。在撮罗子底下用松枝铺在地上，上面再铺一层毯子或水龙布，就成了他们的床。他就在撮罗子里度过了难忘的日日夜夜。这生活！让他更加理解了为什么鄂温克人对驯鹿如此崇敬，奉为“仁兽”，是因为它具有勤恳、朴实、任劳任怨的美好品质。驯鹿在心目中的形象日渐高大起来。善良的鄂温克人感动着他，驯鹿朴拙的形象和品格激励着他，鄂温克饱经沧桑的老猎民和美丽的少女诱发着他，拿起笔来，一遍遍如醉如痴地去描绘……

1962 年，于志学以鄂温克风俗题材创作的《走亲戚》作品，发表在同年《学理论》期刊上。这是于志学发表的第一幅表现鄂温克和驯鹿的作品，这也是国内第一位汉族艺术家反映鄂温克民族的中国画，同时也是于志学把冰雪物象作为人物画背景发表的最早作品，可以视为于志学艺术创作的一个里程标志。

1972 年《工农兵画报》发表了于志学以《换了人间》为标题的组画，较全面地体现出当时敖鲁古雅鄂温克民族的生存状貌……有展示鄂温克民族生产狩猎场面的《劳武结合》，有介绍鄂温克猎民割鹿茸的《鹿茸丰收》。

1979 年后，中国敖鲁古雅鄂温克这个与大森林和驯鹿为伍的民族风情画卷与中国冰雪山水画一道走出国门，在新加坡、日本、加拿大、美国、澳大利亚、俄罗斯、英国、马来西亚、泰国及香港等国家和地区展出。人们透过于志学用自己笔墨组成的狍皮帽子、猎民服、猎犬和鸟雀等元素符号，对饱经沧桑鄂温克老猎民的刻画，对纯真、俏丽、青春的鄂温克少女描绘，对憨态可掬的四不象的书写，更多地了解了鄂温克。

1992 年于志学以驯鹿为题材为长春电影制片厂设计的水墨动画电影《雪鹿》，获长春电影制片厂“百花奖”优秀美术片奖。

1997 年他以反映鄂温克游猎生活的作品《牧鹿女》获文化部文化司、中国诗书画研究院颁发的“全国中国画人物画展”铜奖。

2003 年 8 月他走访了拉吉米的女儿得克沙一家，现在敖鲁古雅乡工作的得克沙，还能深情回忆起当年“于叔叔”教她背诵唐诗、鼓励她学好汉文化的一件件往事……

一位冷雪中的热血画家，这就是于志学，于志学就是这样画出冷逸仁瑞的驯鹿。他说：“绘画乃心境之物。一切笔墨、造型、意境均为心境的反映。心境是心情、心绪、心意、心迹、心性之总和，展示画者所想、所思、所求、所探，是其对人生和世界的直接感悟。”

中外白鹿传说（国外十则）

白鹿古时称为瑞兽，色白的鹿尤为珍稀，古今中外白鹿的传说有许多。先看看国外的传说吧！

源自德国的传说

中外唯一的“白鹿”成语：追赶白色的鹿，出自德国民间传说。说的是，白鹿总会吸引住猎人，猎人都巴望着追捕到白鹿，但追进遥远的深山老林，许久了，没有见有一位猎人捕获，追赶的猎人不是两手空空扫兴而归，便是迷失于山林中。由此，德国人用“追赶白色的鹿”（Den weiBen Hirsch jagen）这成语来形容：无聊而又毫无成果的追捕。

1996年，生活在德国厄尔士山脉中的野生鹿群，多了一个新成员。它浑身雪白，宛若跳跃在草地上的白色精灵。一些人认为，患有白化病的鹿如出现在野生鹿群里，将把病态的基因传给下一代，最终导致整个种群的遗传变异。支持这个观点的人，主张射杀白鹿。但野生动物专家霍费尔指出，通常白化鹿的出生几率只有十万分之一。只要正常鹿的数量足够多，就不会对整个鹿群的基因遗传产生影响。德国自然研究和地方历史博物馆的施魏策尔和霍费尔持有相同的观点。德国摄影师安德烈亚斯说：在德国有一个传说，射杀白鹿的人将受到诅咒。在一年内死去，他的家人也会同样被诅咒。这将保佑白鹿平平安安地活下去。

每年 12 月 6 日是 Nikolaus 尼古拉日，Nikolaus 日在欧洲对小孩子是个重要日子，因为有礼物收。这个日子距今有 2000 多年历史。Nikolaus 是个基督徒，他被认为是给人悄悄赠送礼物的圣徒（即尼古拉老人），他的形象已经被深深地留在人们的记忆中。在德国，传说他扮成圣童骑着白鹿，到每家每户把坚果和苹果放在孩子们鞋里。

源自西班牙家泰罗尼亚的传说

很久以前，在加泰罗尼亚山林里有一只白鹿，住的魔鬼洞里的魔鬼一直想抓住她，可是总不能得手。有一天，这里来了一个无依无靠的女孩，村里的一个猎户收留了她。她在这个山里慢慢长大并与这家的儿子相爱，而且也同这只白鹿成了好朋友，生活得很快乐。魔鬼知道后，抓走了女孩，并要猎户一家交出白鹿来换回女孩。猎户为了儿子与女孩的爱情，就去找白鹿，求她去魔鬼那里换回女孩。白鹿并没有推辞，而是让猎户押着她去找魔鬼。就在猎户准备要与魔鬼交换的那一刹那，突然山崩地裂，滚滚的洪水奔腾而来，将猎户、他的儿子、女孩连同魔鬼和白鹿全都卷进了洪流。从此人们再也没有看见白鹿在这里出现。后人为纪念白鹿，建有白鹿喷泉。

源自韩国汉拿山的白鹿潭传说

传说，远古的汉拿山是神仙骑着白鹿游玩的地方，因此得名有白鹿潭，如今成为了著名旅游地。白鹿潭的湖水面积 2000 多平方米，水深约 10 米，是天然的火山湖。汉拿山海拔 1950 米，是韩国最高的山，是第三期末至第四期初喷发的死火山，山顶上是方圆三公里，直径 500 米的火山喷发形成的白鹿潭。绕白鹿潭一周，相当于走完济州岛滨海公园的路程。汉拿山被列为联合国教科文组织的世界自然遗产。

源自泰国清迈的传说

传说，曼格莱王在一次打猎到今天的泰国清迈，这里出现被视为吉祥象征的白色水鹿、白鹿与白老鼠，因此决定在此建城。于是，曼格莱王先处好邻国关系，先后与素可泰的监坎亨王（King Ramkhamhaeng）、帕尧（Phayao）的南蒙王（King Ngam Muang）互结友好条约，三人建立友好关系形同兄弟，这才开工建城，在建造清迈城时，得到二位国王非常大的帮助，集结了 9 万人参与城市的兴建。建好后的清迈城绕着一条 18 公尺的护城河，是一个长方形，东西宽 1800 公尺，南北长 2000 公尺。

源自日本奈良的传说

日本奈良春日大社是以代表平安时代壮丽堂皇和优雅古典的建筑而闻名，是一所混合了佛教和道教建筑色的神道社殿，构造精致、布置简洁、色彩鲜艳。它建于奈良时代公元 710 年的和铜三年间，日本朝廷重臣藤原不比等把供奉鹿岛神宫内的武瓮槌命移驾至春日山，奉为首都的守护神，并于公元 768 年神护景云二年间开始兴建社殿，命名为春日四所大明神。由于受到当时权贵们的尊奉，因此庙务兴隆，成为日本平安时代神道的信仰中心。春日大社从公元 9 世纪起禁止采伐树木，原始树林得以保护，与春日大社不可分离的景观和春日大社一起被列入联合国教科文组织的世界文化遗产。

已经有 1200 多年历史的春日大社，有着神秘的传说。传说，春日大社祭祠的神祇，骑着一头白鹿来过春日大社的现址，是古社址起建的原因，也是奈良鹿的由来。至今奈良鹿在奈良仍是野生且受保护的动物，春日大社的二之鸟居前也有一头神鹿的铜像。奈良公园最引人注目的是梅花鹿，这些鹿是春日大社祭神之物，被视为神的化身，是日本梅花鹿最集中的地方。

源自日本那须温泉乡的传说

日本那须更常见的名称是那须高原，位于栃木县最北端和福岛县交界处，行政上属于那须郡（也就是古时日本的下野国地区）。说其是高原，其实只是一座叫做“那需岳”的活火山底部缓缓向平地延伸的山坡地带。

那须温泉最早发现于奈良时代，距今已经有 1380 多年，传说中，是一只被猎人射伤的白鹿，逃到此处，自己用温泉水治好了弓箭伤口，于是这个温泉口就被叫做“鹿之汤”。鹿之汤被发现后，不断有很多人沿着鹿之汤下面的小溪兴建民居，这些民居逐渐演变成温泉民宿，也就是私人经营的温泉小旅馆。因此那须的几个较为大型的温泉酒店都建在距离汤本温泉街较远的地方。

源自英国的传说

2009 年，英国业余摄影师在格洛斯特郡迪恩森林中拍摄到罕见的白鹿，将真实的神秘白鹿活生生地展现给人们。白色雄鹿向来是神话和传奇故事中的神秘主角，至今它们的存在仍是一个谜团。在传说中，亚瑟国王曾试图追捕一只白色雄鹿，却以失败告终。纳尼亚女王穿过森林去追逐一只白鹿，却一个跟头摔倒在一个衣柜之中。

源自意大利的传说

2010 年，在意大利野外拍到罕见的白化鹿幼仔的照片，被称之为“白班比”，白班比只有 8 个月大。一同被发现的还有白班比的母亲，它的皮肤颜色非常正常。当地古老传说，猎人在发现白化鹿的同时也踏上一次通往死亡的灵魂之旅，如果猎杀白化鹿，他本人也将在同一年遭受同样的命运。

当地狩猎协会的里恩德罗·格罗纳斯表示，“白班比的存在让我们感到异常兴奋，它赋予我们的山谷神奇的一面，能够在冬季发现它近乎一个神话。但由于周身呈白色，在雪融化之后，这头鹿无疑会成为一个非常明显的目标，对鹿群中其它成员的生存构成潜在威胁。由于担心被捕食者发现，鹿往往采取彼此孤立的生活方式。白化病并不是一种真正意义上的疾病，但也会对鹿的生存带来一些麻烦。例如，它们不能长时间暴露在阳光下。”

中外白鹿传说（中国十六则）

白鹿在中国古代被称为祥瑞之兽，色白者尤为珍稀，甚为“至诚感物，嘉庆将至”。中国白鹿传说有许多。

源自云南西双版纳的传说

龙得湖，观日很美。龙得湖是西双版纳唯一的天然湖泊，现有水域面积 110 公顷，平均水深 1.5 米，是云南省景洪市橄榄坝镇一处得天独厚的风景。龙得湖有一个白鹿的传说。

相传很久以前，龙得湖原是一个寨子，居住在这里的人们以狩猎为生。

一个傍晚，一只闪闪发光的白色鹿，从树林里跑进寨子里，惊动了寨子的人拿起猎枪，围击这只肥壮的白鹿。唯有一户寡妇的儿子没有出猎，母子显得格外的平静和胆怯。那只东躲西藏的白鹿，被无情地捕杀了，而且，按照见者一份的寨子狩猎规约，出猎者每人拿走了一份。寡妇和她的儿子没份。全寨人都饱餐了一顿美味白鹿肉。到了深夜时分，老人和孩子已经酣睡，年轻人正谈情说爱……突然，天崩地裂，整个寨子都在摇晃，呼声连天，一片混乱。正在与恋人约会的小伙子（寡妇的儿子），拉着姑娘奔跑躲避灾难。但这姑娘吃了白鹿肉，无论跑到哪里，哪里都出现地裂，这时，上天神仙大声告诫：小伙子快松开姑娘的手，谁都救不了有罪过的人。小伙子泪流满面，眼巴巴地望着心上人被大地吞没。原来，那只被捕杀的白鹿是一只神鹿，是给人们送来吉祥和神气的神鹿，可是这个寨子的人闯了大祸，凡吃了白鹿肉的人，都陷进了大地的肚子里。

也就在那个夜晚，这个下陷的寨子成了一片大湖泊，得名龙得湖。没有全部被水淹没的寨子形成了小岛，是大难中幸存的寡妇和她的儿子的住地，被称为母子岛。美丽而宁静的小岛，仿佛是仁爱和善良的象征。

源自湖北白鹿山的传说

白鹿寺，位于资江南岸白鹿山，距离资江一桥仅 200 余米，始建于唐代宪宗元和年间，曾是今湖北省益阳市最大的一座佛教寺庙。

据明《一统志》载：唐裴休讲道于此，有白鹿衔花出听。传说，唐代名相裴休，贬任荆南节度使时，曾来益阳，在古木葱郁的江边山上小住。裴休博学多能，喜欢佛学，夜深人静，他便在山上秉烛夜读，朗朗的诵经声，引得一只仙白鹿驻足聆听，每晚只要经声响起，仙白鹿就飞来听经。一天晚上，白鹿听经的秘密被人发现，天机泄露，就再也不见白鹿复来。唐代佛教信徒认为白鹿驻足听经之地，必是块风水宝地，遂命名白鹿山，并在山下建了一座庙，取名为白鹿寺。

古白鹿寺香火鼎盛，名气很大，尤其叫人称奇的是寺内的那口一千公斤重的古铜钟，声极洪远，堪称古城钟王。夜晚，和尚上香的钟声，响彻古城十五里麻石街。悠扬的钟声，清盈飘逸，震撼心灵。

“白鹿晚钟”便成为了古益阳的十景之一。

古白鹿寺几经沧桑，如今荡然无存。1987 年重新在白鹿后山修建而成今白鹿寺。

源自江西庐山的传说

唐朝著名诗人李渤，青春年少时，住在五老峰东南麓的一个山洞里隐居读书，整整两年都未离开山洞一步。后来，有了一个李渤与白鹿的传说。

一天，五老峰巅的一群神鹿脚踏祥云，敬仰地俯视李渤晨读。李渤日夜攻读的刻苦精神，感动了神鹿群中的一只白鹿，为了陪伴李渤读书，它飞下云际，来到李渤身边，成了李渤形影不离的伴侣。

黎明，白鹿引颈长鸣，唤醒李渤离开山洞，迎着朝霞读书；夜晚，山风飕飕，白鹿衔过来一件长袍，轻轻给李渤披上御寒；深夜，李渤疲惫地俯案而睡，白鹿只身奔进深山，衔来山参送到书案之上，给李渤食用振作精神。有一次李渤躺在山岩上读书，渐渐掩着书睡熟了。这时，乌云四起，山雨欲来，白鹿当即一声鸣叫，唤来五老峰头的鹿群，簇拥着李渤遮风挡雨。李渤醒来，感动地抚摸着满身淋湿的白鹿，流出了热泪。从此，主仆之间的感情更加深厚。

为使李渤专心读书，白鹿还主动承担了购买纸墨笔砚的任务。只要主人将钱与所购物品的清单放在袋子里，挂在鹿角上，它就从洞里出发，抄松林小径，到了湖畔的小镇里，将李渤要买的东西如数购回。李渤功名成就，当了江州刺史，再来洞中寻找白鹿，白鹿早已腾云驾雾返回天际了。为了纪念白鹿，李渤就将当年读书的山洞，改名为白鹿洞。

源自福建厦门的传说

福建省厦门市“小八景”之一的“白鹿含烟”源自白鹿洞寺。它位居玉屏山南隅，与虎溪岩同在一山的白鹿岩，有曲径相通。

相传唐朝初年有个名叫陈天钟的在玉屏山的南隅兴建“大观楼”，隐逸楼中读书、修心养性。至南宋后，“大观楼”供祀朱熹，仿照朱熹在江西庐山重建白鹿洞的故事而取名“白鹿洞”。今日，白鹿洞寺的后山岩壁上乃可见“鹿洞书声”“亦庐”的题刻，即源于此。

明万历年间，厦门名士林懋时开拓岩洞后，在洞侧营建文昌殿，祀朱熹神像，并以朱熹在庐山建白鹿书院故事，也称“白鹿洞”。后人在洞内雕造一只白鹿。

白鹿洞寺创建于清康熙四十四年(1704年)，开山祖师为苇老和尚。并加以美化传说：白鹿洞地处山腰崩崖间，四周环翠林木，流泉溅激，洞壑湿度较高，泉水冒发的烟气缭绕在山间凝聚不散，呈“白鹿含烟”美景。

相传，古时玉屏山的南隅住着采药为生的苏勇和苏母，因为苏勇在山林搭救危难中的白鹿，为报救命之恩，白鹿化为白露姑娘，寻找苏勇到了草寮。适逢苏母送饭上山，误以为姑娘偷药，白露含冤惊逃。苏勇遍山寻觅，皆无踪影，后见洞中有一白鹿，化为石头，阳光下口中腾起白烟，似乎倾吐满腹冤气。于是，乡里盛传“白露含冤”。演变至今，白鹿洞“白鹿含烟”已成厦门“小八景”之一。

源自陕西万寿塬的传说

传说，唐武德五年十二月丙辰，高祖李渊率众在当时称为华池的三原县万寿塬上校猎。忽见一只美丽的白鹿，口含灵草，飘云生风，忽攸而至，在开阔的原野上恣意嬉戏，欢欢蹦蹦，如云雾漂浮一般。此只鹿通身雪白，鹿角更闪着祥瑞之光。高祖甚是欣喜，此乃天降瑞兽，万众之福祉也。遂令停止校猎，放生这只珍稀的白鹿。

白鹿所到之处万木茂盛，五谷丰登，六畜兴旺，疫疠廓清，万家康乐，一片祥和太平之盛世。从此万寿塬改名为白鹿塬。

源自浙江温州的传说

浙江省温州市也叫鹿城，古今流传着白鹿城的传说。

很久以前，温州有个白氏人家，白家有个女孩，就叫白露。这个白露长得容颜鲜丽、貌似天仙，身材窈窕、千娇百媚。皇帝便下旨接她进京，意欲立为妃。礼官钦差领命，一行人浩浩荡荡前往温州迎驾。海匪听说皇帝要来温州迎娶美人，不禁贼心顿起。率众直犯无城可守的温州。劫持了白美人，扯满风帆扬长而去了。白露伺机跳进大海，随风逐浪而去了。

皇帝大为震怒，命温州知府修建城垣，限期建成。但由于温州地处海域，地质松软难以支持，故屡建屡塌。

一夜忽觉得一阵清风异香扑鼻，一骑白鹿口衔鲜花腾云驾雾从天而降，环绕温州城“得得答答、得得答答”飞奔而过，一环一环飞奔不停。

第二天知府发现建城的基础地质变坚实了。原来是白露化成的白鹿来解难！人们为了纪念白鹿，便称新建成的温州城为白鹿城。在朔门边有条小巷就叫白鹿巷，那就是白鹿原来住的地方。白鹿巷有座白鹿庙，因年久失修早以成了废墟。因为白鹿巷是在城的北边，又因为谐音的关系，现在也已叫做北鹿巷了。

源自扬州宝应湖的传说

在江苏省扬州的宝应湖中，有一个翡翠般的大岛，名叫“白鹿岛”。

当地传说明朝嘉靖年间，黄河南下夺淮入海，洪水南下，本地村民尚不知晓。忽然跑来一只白鹿沿村鸣叫，众人出来一看，北方大水滚滚而至，慌忙随着白鹿向高地奔跑。上了高地一看，宝应的运西这地方，转眼一片汪洋，高地被水围困已成孤岛，众人无不感激白鹿救命之恩。

惊魂方定，忽然又传来一阵的呼救之声，远远望去只见一棵树梢上有个妇女，抱着个小孩在波涛中摇来晃去，情势十分危急。白鹿长鸣一声跃入水中踏波而行，将这母女俩稳稳当当地背回岛上。三天过去，洪水仍然持续上涨，眼看岛屿将被淹没，村民个个惶惶不安。这白鹿向天鸣叫三声，又用足蹄跺地三下，水涨岛升，永不沉没。众人知是神鹿，纷纷下拜。

半月后洪水退去，忽然来了一位慈祥的老翁，他个子不高，脑门凸起，一手捧仙桃，一手拄拐杖，赞许地拍拍白鹿的颈项。白鹿向村民鸣叫作别，老翁骑上白鹿驾云南去。一位老先生忽然惊呼起来：“此乃南极仙翁老寿星啊！”村民们闻言，个个慌忙向空中礼拜。从此以后当地人便将此岛称为“白鹿岛”。

如今，这岛连同湖边森林绿地，已经开发为“白鹿岛国际生态旅游区”。林木遮天，百鸟翔鸣，风光十分秀丽，已成为宝应著名的旅游风景区。

源自蒙古族的传说

苍狼与白鹿是蒙古人的远古图腾。在《元朝秘史》和《史集》都对蒙古人祖先的传说有着详细的记载。

远古时期，蒙古部落与突厥部落发生了激烈的战争。最终蒙古部落被灭，仅剩下两男两女幸存，他们逃到额尔古涅昆山中隐居。后来他们的子孙繁衍兴盛，分为许多支系，狭小的山谷不能容纳这么多人，于是他们迁至宽阔的草原居住。其中一对男女，男叫勃儿帖赤那（意为苍狼），他的妻子名叫豁埃马阑勒（意为白鹿），来到激流河边繁衍子孙，渔猎为生，死后便化作两个小岛（苍狼白鹿岛），交颈而卧，相依为伴定居下来。后来，成吉思汗功成名就，回室韦祭祖，游猎于此，夜作一梦，但见一只苍狼和一只白鹿，伤痕累累，奔跑哀鸣。醒后召集随从解梦，得悟莫忘先祖劫难，大业未就，且勿高枕无忧。于是派其弟拙赤哈撒尔率兵征讨内外兴安岭的“林中百姓”。凯旋后，便将额尔古纳流域包括这两个小岛分封给了哈撒尔。

如今，在苍狼白鹿岛上建起“哈撒尔王天然狩猎场”，场中放养着成群的野鸡、野兔，或下套、或射箭，你会切身感受原始林狩猎的情趣。

源自陕西华山的传说

白鹿龛位于莎萝坪南、登山路东的山峰腹间，莎萝坪又名洞天坪，在华山峪石门上一公里处。相传，白鹿龛所在处是鲁女生（大约生活在东汉末年的仙人）修道的地方。其处青峰矗立，异石嶙峋，有一山崖外突成龛。其上飞泉滴沥，其下有平地亩余，土质湿润松软宜于耕种。传说鲁女生不食五谷80多年，但是一天却比一天年轻、健壮。一日忽然与故人告别，乘白鹿随王母升天而去，故名“白鹿龛”。清代王士正的诗中云：“云中跨白鹿，心知鲁女生。乞我一丸药，相将游太清。”就是写在这居住的鲁女生。

白鹿龛内有一长方形悬石，呈黄色，中间有一黑色人形，仙姿绰约，情态优美，这便是“天女散花”。在白鹿龛附近路边，有一浑然巨石，名“混元石”。混元石西边的崖缝里，一块条形白石凸起，长尺余，宽寸许，宛如白蛇的头吞食前方小草，是“白蛇着剪”处。

源自台湾的传说

《阿里山的姑娘》是台湾省邵族原住民动人的歌曲，“高山长青涧水长蓝，阿里山的姑娘美如水啊，阿里山的小伙壮如山……”

邵族是台湾原住少数民族，根据邵族的传说，邵族的祖先原先居住在阿里山一带，会定居到日月潭畔，是因为邵族勇士打猎时，突然遇到一只白鹿，勇士翻山越岭一路追逐来到日月潭。白鹿在土亭仔湖畔跃入潭中失去踪影，邵族人进入潭遍寻不着，却意外发现潭中鱼虾丰美，于是决定举族迁居日月潭。这就是邵族人的“逐鹿传奇”，邵族便视白鹿为吉祥物。

源自四川南江的传说

四川省南江县长赤的白龙潭又叫白鹿谭，传说远古时代有一只白鹿在这一带出没，被当地住民奉为神鹿。有一天，外地来了一群人，收买了当地恶霸，就组织人员进行围山捕捉，结果，白鹿被逼迫跳水自杀。此后，要在天气晴朗时，才能在对面的岩石上看到白鹿美丽的、娇小玲珑的影。

源自河北平山的传说

白鹿温泉，有这样一个美丽的传说：在平山县县西有个小村叫王母村（现在王母村依然还在），相传是王母娘娘降生的地方，汉武帝刘彻得知王母在此，不远千里迢迢前来祭拜，哪知当武帝见到王母娘娘时，不想王母的长像是丑的出奇，汉武帝讥笑其长像丑陋。王母娘娘很是恼火，一气之下啐口水在汉武帝的脸上，汉武帝面生奇疮久治不愈，无奈之下拜求王母，并对自己的讥笑行为进行了诚心的悔过，请求王母开恩。王母道：欲疗疾，唯有温泉。于是王母赐坐骑白鹿（据资料记载王母娘娘送给武帝的坐骑，体格庞大身长丈余，并非普通的白鹿），带汉武帝四处寻觅可以治疗的神水，寻找到了现今鹿台村这地方，白鹿刨地立刻泉水喷涌，武帝大喜命人设帐沐浴，几日后疾疮治愈肌肤润滑，此后武帝下旨在此建庙立碑，并封此泉为——宝泉圣水！百姓也因此得到了圣水恩泽，白鹿温泉从此得名，治病养颜的功效流传至今。但是很可惜的一点是，白鹿因为寻泉劳累而死，武帝也非常伤心，于是把白鹿葬在了这里，封此山为白鹿台，后来有流民居住形成村落，就是今天的鹿台村。

源自客家人的传说

江西省宁都县黄石乡有条白鹿江，源于石城县。清澈的河水流至白鹿营村，与梅江河汇合，折转后南流经于都入贡江。在这里，流传着白鹿斗鳌精的传说。

很久以前，白鹿江原名叫牛牯江。白鹿营村庄三面环水，一面依山，山清水秀，田畈肥沃，鱼虾成群。百姓作田捕鱼，日子过得蛮安乐。

有一年秋间，天气晴朗，江边白鹿营村突然阴风四起，水浪翻滚，泥沙混浊。原来，从梅江河窜来一条木桶大的凶恶双头鳌鱼，张牙舞爪，在此兴妖作怪。

白鹿不厌其烦，潜入深潭，规劝双头鳌，整整劝七七四十九天，双头鳌鱼先是置若罔闻，后听得不耐烦了，就怒气冲天，口出狂言，要与白鹿斗法。

斗法这天，成千上万百姓围满牛牯江两岸，要为白鹿助威。白鹿昂首挺立于两江合流处水面上。而双头鳌则从深潭中窜出水面四只蓝色眼睛，射出凶桀的寒光。白鹿毫不畏惧，和鳌精搏斗起来。在水中空中厮斗了半天。鳌精已招架不住欲逃回深潭。白鹿紧追不放，把灵气集中两角，直射鳌头，鳌精被击中而发出一声哀吼，临死时，肚内流出大量毒液，白鹿环视四周，为了环境不被污染，勤劳善良的男女老少都以殷切的眼光企望它，白鹿毫不迟疑，把自己的生死置之度外，果断地用嘴将毒液吸吮干净。但因为毒气攻心，无药可救。白鹿不一会就气绝身亡。百姓目睹此情，哭声震天，悲痛万分，将白鹿葬在家门旁，后来墓旁建了一座高大庙堂，塑了一只栩栩如生的白鹿，长年累月香火不断。为了世代不忘白鹿的恩情，将牛牯江改名为白鹿江，江边营改为白鹿营，成为富庶的鱼米之乡。三国吴嘉禾五年建成阳都县城，闻名于世。

源自广东高明的传说

鹿洞山，带着一个关于白鹿的传说。在山脚下鸟语环绕的鹿洞村中流传了好几百年。

相传南越国王赵佗曾游猎于此山，山林中闪过一头鹿，浑身雪白，南越国王搭弓射箭，一箭射中白鹿，白鹿迅即带伤奔逃。南越国王令手下军士满山搜寻，却不见了白鹿踪影，最后寻到一块大石，石形酷似鹿形，旁边还有一箭，军士皆怪之。村里人说，这一传说不知何时起流传在民间，也不知何时起，人们便给这座青山取了一个名，就叫做“鹿洞山”。

鹿洞山，就像孔雀开屏似的，所以叫做“鹿洞开屏”。明城旧八景里面，这座鹿洞山就占了两景，一是“鹿洞开屏”，一是“粤台白鹿”。

鹿洞山上还真有鹿形大石。半山中一块大石命名为“仙鹿座”，其山下有一块平整的大石则名为“仙鹿床”，相传是白鹿休憩的地方。

源自河南孟津的传说

白鹿庄村，位于河南省孟津县送庄镇的中西部，关于这个村名的由来，有两种传说。

相传，隋朝的唐国公李渊曾派儿子李世民东征洛阳，当时盘踞洛阳的是隋朝的郑王王世充。王世充手下有员战将名叫单雄信，有勇有谋，武艺高强。李世民率部多次与之交战，不能取胜。

一天夜晚，李世民在山上散心，信马由缰，不觉来到王世充的营地附近，忽然遇到单雄信巡营。李世民回马便走，单雄信紧追不舍。李世民的坐骑是一匹白龙马，日行千里，把单雄信撇得老远。

于是，单雄信张弓搭箭，想射死李世民，眼看着李世民就要丧命，这时从树丛中蹿出一头白鹿，只见它往上一跃，正好以身体挡住了射向李世民的箭，当场倒地而亡。李世民趁机逃回。

战事结束以后，为报答白鹿救命之恩，李世民在白鹿死亡的地方盖了一座规模于宏大的白鹿庙，并把附近的村庄赐名为“白鹿庄”。

关于“白鹿庄”村名的由来，还有另一个传说。

相传唐上元二年（675 年）春，唐高宗李治、皇后武则天临幸洛阳龙门观光。李治突发重病，武则天昭示皇榜，招揽良医。

有一游方道人揭榜，为李治诊脉。道人判断李治的病是阴阳失调，用现在的话说，属于肾亏。那道人挥手写下一剂药方，化作青云离去。

武则天展开药方一看，上面写着牛大力、黑老虎、女贞了等十八种药，这些药不难弄来。再看下面，她惊呆了，下面写的是用白鹿血为药引。白鹿是稀世之物，到哪里寻找？她立即召来左武卫大将程务挺，下了死命令：“限三日之内找到白鹿，不然满门抄斩。”

相传程务挺善射，是程咬金的后代。程务挺飞马直奔邙山，风餐露宿。第三日晚上，他看到一只白鹿攀岩而上。程务挺搭弓一支箭射去，正中白鹿的后腰。只见那白鹿纵身一跳，落下山岩便无影无踪。后来，程务挺寻至村西寿星庙内。看见庙墙上画着一只白鹿，后腰中了一支箭，箭伤处一片红。程务挺派人拔下箭头，将红处的墙土刮下，带回去当药饮让李治喝了。说也奇怪，李治的病竟然好了。

李治大病痊愈后，心情豁然开朗，亲自来到邙山感谢神灵。他出资盖了一座富丽堂皇的白鹿庙，并为这个山村赐名“白鹿庄”。

源自河北白鹿泉的传说

今河北省白鹿泉市有个传说。

相传，被汉王刘邦拜为大将的韩信，统领三万人马前来破赵。大军行至土门关西扎营，全军将士四处找水，却不见水源。被派出去找水的军卒皆因未能找到水源而被斩杀。三军无水，将不战自灭。韩信焦急无奈，只好派最得力的大将胡申前去寻水，胡伸大将深感责任重大，即对韩信发誓："主帅放心，找不到水源，决不会来见你。"然而，胡申踏遍青山终未找到水源，他自感无颜返回军中，就在一棵古柏上自缢身亡。

韩信在大营迟迟不见胡申回报，心中惆怅，但他坚信胡申大将一向忠心耿耿，定能找到水源。时值深夜，韩信不觉惶惶忽忽伏案而睡。只见胡申策马飞奔而来，双手抱拳说："回禀元帅，多亏神仙保佑，水已经找到，速跟我来。"韩信惊醒，原来是一梦。正在纳闷，却听见帐外有哒哒之声，便出到帐外观望。只见一只白鹿如雪似玉，见到韩信便向他点点头，而后飞身而去，韩信即策马追赶。翻过一道山，越过一道岭，只见那只雪白的神鹿在一座山脚下缓缓停下，回首凝望韩信，两只前蹄不停的在地上猛刨起来，韩信性急，搭弓射箭，只听嗖的一声，那白鹿化作一道白光不见了。韩信所射的箭落入泥土之中，韩信下的马来，伏身取箭，用力一拔只听一声巨响，一汪清澈甘甜的泉水喷涌而出，并不时有串串气泡簇涌，恰似散落的珍珠一般。此泉因韩信射鹿而得名——"白鹿泉"，"鹿泉水涌若珠倾"也成为"鹿泉八大景"之一。

大将胡申自缢处的村庄被易名胡申铺，也就是今天白鹿泉市西面的东胡申和西胡申村，当年胡申自缢处的古柏依然苍劲坚韧，根居岩缝之中向人们讲述着古老而悲壮的故事。

世界猎鹿目的地

猎鹿的历史，可以追溯到上万年前，那时，人类猎鹿是生存的需要；到了中国古代特别是清朝，猎鹿成了练兵扬威的朝仪；而新西兰1847年引进本土没有的鹿，则是供英国贵族猎鹿娱乐，后来鹿群快速繁殖危及到生态环境，1950年政府立法组织力量、雇用猎人、动用直升飞机猎鹿；北美、北欧国家则一般是允许在每年有限的猎鹿大赛中猎鹿；英国则有6种鹿是被允许在特定季节，持证猎鹿；澳大利亚也有6种允许在特定地区，经培训、持证照猎鹿；今天，世界公认的猎鹿目的地是新西兰，新西兰、英国、澳大利亚，都还把猎鹿列为野外竞技运动。

新西兰（New Zealand），又译纽西兰，位于太平洋西南部，是个岛屿国家，面积26.8万平方公里。过去20年，新西兰经济成功地从农业为主，转型为具有国际竞争力的工业化自由市场经济。鹿茸生产量占世界总产量的30%，出口值为世界第一。1969年，新西兰借鉴中国延续2000多年的野鹿家养做法，把鹿类动物从有害的兽类名单中删除，发出了第一份鹿场经营许可证。养鹿业“异军突起”：1980年为10万头，1985年发展到30万头，1990年达到90万头，1995年突破200万头大关。鹿的品种红鹿（Cervus elaps L.）占新西兰全国饲养量的85%。新西兰养鹿业以出口为主，2000 年以来，每年杀鹿都在 70 万只以上，鹿为草业提供了新的生机。

由于世界上许多国家都禁止狩猎，或者控制狩猎的范围和数量，猎鹿人群主要以高端的小众人群为主，而且猎鹿的价格不菲。猎手们需要支付枪支弹药和销售税、狩猎场地费、专业向导的劳务费和被捕获动物的费用等。想追寻有战利品的猎鹿活动，大多都选择到新西兰，那里有最佳的狩猎场。在私人教练指导下，可以猎取不同品种的鹿，你即使从来没有打猎经验，经过练习也可以弹无虚发。每年的 4 月开始是猎鹿的最佳季节。新西兰土生哺乳动物是蝙蝠、蛙。因此，欧洲移民引进了鹿等专供运动休闲的狩猎物种，没有天敌，鹿繁殖得很快，危及生态平衡。如今，通过安全、有序的鹿场饲养宰杀出口和野外竞技运动狩猎，鹿的数量得到了合理调控。

在新西兰的森林和山区猎鹿很耗体力，而且山区气候变化莫测，要想猎鹿成功，必须了解当地情况，猎鹿要请专业向导，使用点 270 最小口径的步枪。

新西兰的格伦罗伊狩猎农庄被称为世界“猎鹿行宫”。这里也是私人狩猎胜地，可以容纳 12 个人，拥有打猎所需的所有设施，包括打猎后用于烹制猎物的烧烤设施，一个酒吧和水疗池，给人宾至如归的感觉。

新西兰猎鹿，最常见的就是在私人猎场，但是也可以选择在十四个国家公园里。在国家公园猎鹿，前提是要申请狩猎证件。同时，需要拥有足够的狩猎经验，要有追踪动物的本领和看脚印的技巧。还需要坚守在离开主干道或者步行小路 1.5 公里处才开始狩猎，违规被举报后，将被没收枪械，严重者吊销枪证。

“鹿行天下”李延声

十年动乱中，在山西省的李延声，因为困惑厌恶“文攻武卫”、打来斗去，便到农村鹿场，求个偏僻安宁，李延声见鹿儿们十分可爱，他与鹿儿四目相对，瞬时被清澈通灵的鹿眼感动了，就悄悄地开始画鹿。上世纪六十年代这一个偶然的缘分，使他将速写与书法情趣相结合，用富有力量与节奏感的线条，色水墨相交融，“写”出鹿的形与神。

李延声的鹿画，“以形写神”，画出了鹿的温雅、亲善、快乐的神韵，“迁想妙得”，抒发画家自我真、善、美、文的情感，“锤炼笔法”，画出风骨古法和笔墨灵性。在收藏家眼中，李延声所绘画的“鹿”是一种独特的艺术符号，与齐白石的“虾”，徐悲鸿的“马”，黄胄的“驴”，李苦禅的“鹰”一般，都是最值得收藏的艺术品种之一，十分惹人关注。李延声被誉为画鹿第一人，画作被多次入选“国礼”。

国家一级美术师李延声的鹿画，常常是早春景象，悠然的田园风光。鹿儿们睁着水汪汪的大眼睛，正天真无暇的凝视着你；仰卧着的小牧童翘着二郎腿，撅起小嘴巴吹响啯哨；围着红肚兜的小囡囡为小鹿背来青青嫩草，那系着红头绳的独角小辫直冲云霄；或许你还能穿越时空会会红袖盈香的古代少女，她们在春风中摩挲着茸茸的鹿角；雄鹿将自己高昂的巨角，缠上树叶绿草，显得更加威武雄壮，雌鹿驯良温顺，小鹿愈发显得幼稚可爱，群鹿在沼泽湿地中尽情嬉戏觅食，表现出鹿旺盛的生命力以及“大家庭”的美满幸福。

李延声先生画的鹿，最有君子气象。欣赏他的作品，你的耳边仿佛有“德音孔昭”呦呦鹿鸣的优雅延声，随着那清新脱俗的天籁之声，进入一片充满生机的净土，宁静致远……领略和谐盛世的春色、春意、春风、春……那朴素的、亲切的、祥和的、奋发的境界。令人清新，令人欣喜，令人向往。

他曾背负行囊走天下，从吕梁山到长白山，从京郊到草原，从国内到国外，到过许多鹿场，还随养鹿人上山放牧，曾远涉印度去佛教圣地鹿野苑，更多的是到北京郊区的南海子麋鹿苑。他常对鹿久看、久思，通过长期仔细地观察鹿的神态和生活习性，画了许多速写，探索出一种独特的画鹿技法。他动笔画鹿，渴鹿奔泉，淋漓痛快，而每至夜深人静，便会披衣而起，望画反思……他将浓淡相宜的朱膘色，与干湿交替的墨色，相互渲染渗化，以洗练多变、富有生命力的线条，生动的勾画出充满灵性的瑞鹿。李延声先生笔下的大鹿、小鹿千姿百态，惟妙惟肖。他更能把鹿儿灵活敏捷、关注伴侣与和谐相处的独特秉性描绘得出神入化。由此就有了《朝晖》《柏鹿鸣春图》《呦鹿图》《鹿娃图》《小草》《秋丛群鹿》《山庄鹿常鸣》《翠柏双鹿图》……无数可爱的神鹿就这样跃然纸上，映入眼帘，渗入心田，为人们送来幸福吉祥。其画面笔精墨湛，逸秀清新，生机盎然，极富情趣。其画情、画意、画趣和画法，耐人寻味。

古代鹿裘、皮弁和鹿革背子

我们的祖先在与猿猴揖别，披着兽皮与树叶，艰难跨进文明时代后，懂得遮身暖体，从而有了最早的制衣。古代中国制衣材料，主要有皮革、麻布和绢帛这三种。

最早被人们穿用的是动物的毛皮。上到远古部落头领也是一样，《礼记·礼运》载："昔者先王未有宫室……未有麻丝，衣其羽皮。"现代考古在山顶洞人遗址发掘到的磨制鹿骨针（长 82 毫米、最粗直径 3.3 毫米），是迄今世界上发现最早的缝纫工具，就是用来缝接动物毛皮的，说明当时已有用兽皮制衣了。

用动物的毛皮制成的衣服，皮上的毛向外穿，古人称它为"裘"，用鹿皮制成的称为"鹿裘"。《史记·自序》："夏日葛衣，冬日鹿裘。"可知鹿裘为冬服。狐裘、豹裘最为珍贵，为贵族所穿用，鹿裘、羊裘是最一般。鹿裘为什么被视为是粗劣之裘？一是上古中原地域鹿很多，鹿皮易得，二是鹿皮不如狐皮、羊皮轻和保暖，三是鹿毛不够柔润又易断损。后来，鹿皮也不易取得了，但文人还有写到"鹿裘"，实际在这里的"鹿"就是"粗"的意思，古汉字"粗"的写法就是三个"鹿"字叠起来的。在《晏子春秋》里面就说晏子是"布衣鹿裘"而逃，这个鹿裘，就是粗裘。

古代的头衣，贵族男子才有用，头衣分有冠、冕、弁这三种。由几块白鹿皮革缝接而成的（类似后世爪皮帽式）的头衣，是贵族比较尊贵的头衣，有的还缀上玉石，古人称它为“皮弁”。《仪礼·士冠礼》的冠礼“三加”，初加缁布冠，象征将涉入到治理人事的事务，即拥有人治权；再加皮弁，象征将介入兵事，拥有兵权；三加爵弁，拥有祭祀权，而达到地位的最高层面。

“背子”或作褙子，又名绰子。是中国古代服饰中最有代表的衣服之一，上至皇后、贵妃，下至奴婢以至民女、优伶乐人之辈，尊卑都穿着，只是材质、颜色区别尊贵贫贱。背子它流行自隋唐，宋、明两代更成了显赫实用价值的衣服款式，清代还有些沿用。提到中国古代的民间禁忌，说到贱色忌，总会提到：清代奴隶有以红白鹿革为背子的服饰习俗，但红白色并不是奴隶的专用色，它只是与背子的服饰款式相结合而常用于奴隶的背子，这里的红、白色不作为贱色论。

毛主席的“鹿”操

毛主席喜欢游泳。1918 年 3 月上海《教育》杂志主编李石岑到湖南讲演，毛泽东就请这位游泳高手到橘子洲头现场教授游泳技术。游泳这项运动毛主席一直坚持到晚年，这是家喻户晓。毛主席有一套自编的“自由体操”，这可就鲜为人知了。

五十年代给毛泽东主席担任保健医生的徐涛在回忆中讲述有：

毛主席有一套自编的“自由体操”，有时在散步中可以边走边做。他深呼吸，缓缓散步时摇头晃脑，活动头颈部关节；有时曲伸肘腕关节，旋转双肩，以肩带动肘臂做圆周旋转运动，左肩向前上，右肩向右下，交替转动，也可同时做腰部旋转扭动。他常在独自散步又无旁人时，练习这套动作。做起这套动作的他，与平时严肃庄重的他，完全判若两人，比扭秧歌的动作还要有趣。有时我跟他一起散步，他边做边回头看我。当我笑他这一套“自由体操”时，他就向我做个鬼脸，然后就更起劲地练，好像在故意逗我似的。

后来我才知道，他早在年轻时就自编过体操，叫“六段运动”，有手、足、头、躯干运动，还包括拳击跳跃等。后来年纪大了，就把剧烈运动去掉了。我想他年轻时很可能看过中国古代养生法的书籍，参考了“八段锦”“五禽戏”等而编了“毛氏体操”。因为有一次他跟我说：

“三国时有个名医叫华佗，给曹操治过病，他学老虎，学熊，学猴子，学鹿，学飞鸟的动作编了‘五禽戏’，这你知道吧？我看不错，是很好的健身运动。”

下面就介绍一下五禽戏中的鹿戏，大家可以比较找到毛主席自编的鹿操与鹿戏中的联系。

传统五禽戏，整套功法共 10 个动作，分别为虎戏：虎举、虎扑；鹿戏：鹿抵、鹿奔；熊戏：熊运、熊晃；猿戏：猿提、猿摘；鸟戏：鸟伸、鸟飞。五禽戏各有特点，分别仿效虎之威猛、鹿之安舒、熊之沉稳、猿之灵巧、鸟之轻捷。

鹿戏的手形是鹿角，中指、无名指弯曲，其余三指伸直张开。练习鹿戏时要模仿鹿轻盈、安闲、自由奔放的神态。鹿戏是由鹿抵和鹿奔两个动作组成。

鹿抵，练习时以腰部转动来带动上下肢动作，配合协调，先练习上下肢的动作，握空拳，两臂向右侧摆起，与肩等高时拳变鹿角，随身体左转，两手从左后方伸出，再练习下肢动作，两腿微曲，重心右移，左脚提起向右前方着地，屈膝，右腿蹬直、收回。

鹿奔，左脚向前迈步，两臂前伸，收腹拱背，重心前移，左脚收回，注意换脚，在五禽戏的左右势转换中，只有鹿奔有这个小换步，注意换步动作，两手握空拳，向前画弧最后曲腕，重心后坐时手变鹿角，内旋前伸手背相对，还要含胸低头，使肩背部形成横弓，同时尾闾前扣收腹，腰背部形成竖弓，重心前移成弓步两手下落换右势，注意小换步，收左脚，脚底着地时右脚跟提起向前迈步，重心后坐再前移。

那么鹿戏有什么特点呢？鹿戏中的轻盈安舒首先体现在动作上，鹿抵中手臂的运行路线和手指的相应变化，鹿奔中提腿前迈的步幅，握拳扣腕的手型变化，重心的前后移动，富有弹性的换步及不僵不滞的动作都体现了鹿戏的特点。其特点还体现在意境、神韵、气息的变化上。旭日东升，原野之上，青草朝露，静谧怡人，群鹿沐浴在清晨的阳光之中，悠闲自在，巨头四顾，低头相向，嬉戏相抵，你退我进，乐意无穷；忽而拔足奔跑，迅驰而又优雅，腾挪之际，轻盈灵活。在演练的神韵上还要体现出鹿的和善、喜悦、轻灵、敏捷。“鹿抵”时，两臂犹如鹿角，迈步拧腰，转头角抵，后腿撑直，似两鹿较力，全神贯注，气息鼓荡；“鹿奔”时，举手投足犹如鹿轻盈前奔，屈体回收，蓄势待发，舒展还原，放松肢体，收脚换步，发力疾奔。呼吸和动作的配合，顺其自然，循序渐进，不必勉强。

收藏木刻鹿纹糕点印模

我早些年就收藏有了清代木刻鹿纹月饼印模，并一直为找到木刻鹿纹糕点印模而努力着。记得一年去西塘，听说有个木刻印模小展馆我就冲去了，二十平方米的地，老旧木刻印模该有数百，我认真地一一过目，只有一方月饼大的木刻新郎新娘头像纹印模，人像中新郎帽上两支象鹿角，与鹿有关，我问价，人家说非卖品。

上周日，在北京遇到了我老想要淘得的木刻鹿纹糕点印模，一上手，感觉到光润，看木包桨能给到民国货的判断，可看到印模面上的简体字“苗兴盛”，我想多了：

民国时期，没有简体字，“木包桨能给到民国货”，从模具的磨损状态来看是属多年使用形成，可“民国”那时没简体字，这木刻鹿纹糕点印模怎么判断年代?

苗兴盛，是商号。民国开封市相国寺后街西头路南的苗兴盛百货商店，是解放前开封市有数的大百货商店之一。它与“同丰”,“华丰泰”齐名。抗日战争爆发以前是其鼎盛时期。经营商品种类繁多。日用品如：西湖毛巾、三角毛巾、三角香皂、汗衫、衬衣、被单、袜子、牙膏、牙刷、玻璃杯、面盆、雪花膏等；布匹如：自由布、维也纳、格儿沙等；食品如：真藕粉、真蜂蜜、黄豆粉、青梅酱、桂花糖等；中药及卫生用品如：真马宝、方便丸、月经带、卫生药棉等；文具方面有：西湖信封、信纸等，诸凡日用百货应有尽有，物美价廉，特别它是以出售国货著称，在顾客中有相当高的信誉。可没有经营糕点的记载，木刻鹿纹糕点印模，　怎么会是苗兴盛百货商店的呢？

对呀！古经典《黄帝宅经》上，有“地善，苗茂盛；宅吉，人兴旺”。木刻鹿纹糕点印模，实际是一块模板，四块糕点印模分别是：回头鹿、飞中展翅的鸟、飞中收翅的鸟、茂盛的一棵树，这四块糕点明摆着是喻“地善”嘛！你看：鹿回头来、鸟多飞来、树茂盛，“地善”之相。这题材现代造旧者，不见得懂，懂也做不出这精细活。木刻鹿纹糕点印模，清末民初无疑！

那简体字“苗兴盛”怎么说？这个三简体字“苗兴盛”，是新中国推广简体字后，才用钉尖的金属件来刮写，可能是长辈或师傅口传而后人怕忘记这印模的寓意，因口传之误而刮写上“苗兴盛”了，实际要记录的是“苗茂盛”。

我收藏了这“苗茂盛”木刻鹿纹糕点印模。

海子的鹿：愣着

海子的鹿：愣着。这是一句根据事物的情状而编成的北京话歇后语。

“海子”指北京南苑的一片湖沼和相连的沼泽地而言（核心区为今北京南海子郊野公园，只是如今“湖沼和相连的沼泽地”消失了）。那里在明代、清代就曾是皇家猎场，清代加以扩建，放养大量鹿类动物，以供皇室狩猎。原本，鹿在野生环境中，为了觅食而必须四处奔跃，终日活动不息；又为了逃避猛兽的杀害和猎人捕杀，随时随地处于精神极为紧张；野生环境中的鹿，嗅觉、听觉、视觉和其他一切官感，时时处在高度警觉、敏捷的状态。但是被捕来放养的鹿，放在“海子”里养着，天长日久，鹿失去野生环境，吃草有现成的，随地可食，又没有猛兽危害，一年也遇不上一回猎人，饱食终日，无所用心，“海子”里鹿，焦躁地走动或者懒洋洋地躺在地上，眼神空洞，表情麻木，体态愣然，眙愣相顾，受惊时也就互相大眼瞪小眼地看着，呆头呆脑，动都懒得动了。就象今天人们在动物园里见到的鹿一样。“海子的鹿：愣着”这句话歇后语就这样形成了。

北京人对无事可做，脑力体力皆不用，终日闲着，常说这句歇后语，例如“他成天没事，真是海子的鹿”，下文是“愣着”。

说到这补两句，中国歇后语中根据鹿的情状或典故编成的歇后语还有几个。被猎人追赶的金鹿：慌（晃）里慌（晃）张。指鹿叫马：不看实是。点火就着豹狗子吃马鹿：好大的胃口。长颈鹿的脑袋突出：头扬得高。寿星骑仙鹤：没鹿了（没路了）。长颈鹿进马群：高出了头。动物园里的长颈鹿：身高气傲。

“祭鹿”（六则）

割鹿茸祭鹿神

祖国宝岛台湾的南投县国姓南港村养鹿的历史可追溯到百年前，早年乡民欲筹资兴建福德祠，却苦于银两不足，正当乡民坐困愁城时，来了一只水鹿伫足不去，乡民掷杯请示神意，准予采割水鹿的鹿茸筹资兴建，此后乡民多以养鹿为业。后来，乡民经请示神农大帝，将建福德祠福德正神封为鹿神，用以庇佑养鹿人家，这也是国姓南港村鹿神祭的由来。

传承延续至今，由国姓乡公所及南投县养鹿协会于每年的鹿茸采割期，都配合举办鹿神祭暨客家文化采风活动，迎接丰硕采割的日子。活动一连四天，鹿神踩街，祈福绕境，揭开序幕，第二天为祭鹿神仪式，祭鹿神仪式，依循古礼上香、献花、献酒，恭读祭文，献金牌给神农大帝，典礼简单隆重。仪式后，一对由南投县养鹿协会提供的鹿茸，当场义卖竞标，成交所得全数捐给弱势团体。祭鹿神会场，主办单位同时安排有鹿神舞表演，客家音乐演奏，以及客家传统美食擂汤穧、包阿粿等的現场制做及品尝，吸引了鹿农、民众热情参与。希望能为水鹿产业带来新机。

这也成了现今还能见到的祭鹿。去台湾观光的大陆游客有写到：“我钟情于寻找那些‘遗落的时光’，例如在南投、屏东一带小住一段时间，参加原住民的丰年祭、社日庆、祭鹿社等特色活动，对台湾的原住民文化才有了更深刻的了解。”

制鹿胎膏立春祭鹿节

据《清史稿·后妃传》中记载，萨满法师石克特立图清，曾因预言孝庄皇后将诞龙子而被召入宫廷，在宫中见到孝庄皇后生产后气血两衰，色斑丛生有可能失宠，就秘密向孝庄进献了一味配方独特的鹿胎膏，孝庄服用后，“颜色益胜，犹胜处子”。后因牵涉宫廷巫蛊之祸，石克特立图清逃出宫廷，携带鹿胎膏秘方隐居在长白山三岔河。宫内御医复制出了鹿胎膏，但始终不能与石克特立图清所制作的相比，所以当时御医无不叹曰：皇家御医验方虽多，登峰造极者却流落民间。隐居后的萨满法师石克特立图清，继续以长白山野生梅花鹿鹿胎三胎成一制作鹿胎膏为周围女性解除痛苦，由于效果显著，被人尊称为“太爷”。石克特立图清为感谢鹿王对人类的恩赐，遂根据梅花鹿生长特性设置了三场祭祀，后发展为鹿胎膏“三节”，流传至今。

2003年，石克特立图清的后人郎天顺老先生经盛情邀请，携祖传秘方和家传制作工艺，研制出了集传统优势和现代科技一体的天强鹿胎膏，并传延保留了立春祭鹿节、端午取胎节、冬至取水节，这三大鹿胎膏生产传统祭鹿活动。

制鹿全丸“祭鹿”

清代康熙九年（1670），宁波慈溪郎中叶心培在温州行医卖药，以二千铜钱将王某在西门外创办于清康熙四年（1665 年）的王同仁中草药铺转让过来，更名为叶同仁堂国药店，纵观创办历史已有 334 年之久。比北京同仁堂会迟一年，比杭州胡庆余堂会早 209 年。

叶同仁堂最早在温州办起了“养鹿房”，专门饲养纯种梅花鹿，每隔二、三年绞杀活鹿一次。当时在温州，梅花鹿是特别珍稀的动物，老百姓常以“圣洁之畜”相待，每当绞杀之前，叶同仁堂以百草、五谷为“福礼”，焚香点烛，敲锣打鼓，举行一次叶同仁“祭鹿”仪式。

在缢杀鹿前，叶同仁堂在鹿角上缠上红绸，在闹市游街示众。此后，店家严格按照明代名医张景岳传世的“景岳全鹿丸”名方认真配制：将缢死的活鹿，去掉粪便肚杂，洗净，血以茯苓粉浸之，将肉横切，加酒煮烂焙干；鹿皮与内脏仍入原汤熬膏，将骨头漂洗晾干后，以砂醋炮炙碾为粉共入药；再同该方人参、黄芪、枸杞子、生熟地、锁阳、补骨脂等 32 味中药细粉拌匀，制成小蜜丸，即成为地道的景岳全鹿丸。

胡庆余堂养殖鹿的传统由来已久。明末清初时期，胡庆余堂在南山路有一个养鹿场，每当制作全鹿丹时，会叫伙计穿着号衣抬着活鹿，扛着写有“本堂谨择某月某日黄道良辰虔诚修合大补全鹿丸，胡庆余堂雪记主人启”的广告牌，敲锣打鼓游街一圈，然后回来当众宰杀，以示货真无诈。这是胡庆余堂秉承“戒欺”理念，创意的“活鹿广告”，胡庆余堂这当年制作全鹿丸用的这广告牌，现存于中药博物馆内。

出猎祭鹿神

辽史有载，祭鹿神，辽俗好射鹿，每出猎，必祭其神以祈多获。

“已卯，祭鹿神。丁亥，于猎所纵公私取羽毛革木之材。甲午，取箭材赤山。丙申，猎三山”。

“甲午，祭鹿神”。

今在哈拉金山顶上有契丹国祭鹿的神庙和皇帝的拴马桩遗址。海金山是哈拉金山的谐音。海金山种牛场所在地前的大甸子叫呼日塔拉（汉译为山脚下的甸子）。历史上每到农历十月十五日，辽国五都的契丹贵族前来此地开庙会、祭山祭鹿，好不热闹。

满人是最讲祭祀的，满人信奉的神灵也多。满族猎人上山狩猎，要祭路神，求得别迷路；祭福神，求得少受罪；祭鹿神，求得多收获。鄂温克——鄂伦春人的萨满鼓象征宇宙，可以通联体现跳神时“召集”辅助神和庇护神的地点，召集神的音响信号，它们具有“运输”功能，“运送”萨满在星体恰勒鲍恩上跳神时得到的灵魂，和“运送”举办祭鹿仪式、狩猎仪式时得到的驯鹿与偶蹄野生动物的灵魂（在这种场合，神鼓象征的是鹿的形象）。在神鼓的上部，画着一个坐姿的拟人图形，从这个图形嘴中伸出一条有血抹的条带。这幅图画象征的是在奔跑的母驼鹿，它被认为是萨满的庇护神。

降魔祭鹿神

西藏文化有源自于以巫文化为基础的、由自然宗教向人为宗教过渡和发展而成的雍仲苯波教祭祀文化艺术的神秘诡异性。如直接受到藏族文化巨大影响的门巴族的早期傩戏《阿拉卡教父子》中，就有喜玛拉雅山南麓原始森林中的门巴族创世纪时的祭祀自然神来降魔的情节：鸟象征人间，妖怪象征灾难，大鹏象征神的力量。门巴猎人阿拉卡教父子三人和林中的鸟自由幸福地生活着。有一天，妖怪突然降临，人和大鹏神来除害。大鹏出场后不断地向妖怪撒沙土，并用铁盘子击打妖怪，做出多种吃妖怪肉的动作。这个戏在演出之前，首先由僧人来念经作祭供仪式，诵念《夏索》（祭鹿神的经文）、《错索》（祭湖神的经文）、《赞索》（祭土地神的经文）、《鲁索》（祭水龙神的经文）、《吉索》（祭护法神的经文）等。诵念经文时，对这些不同的自然神灵供上不同的祭品。

感恩祭鹿神

浙江余姚鹿鼎山丛林山岩有樊榭修炼仙洞，此山有五彩石，是远古河姆渡文化时期的神鹿王国，先民在这里冶炼五彩石以填南海，山有神鹿石，石有神鹿塑像，山下昔有唐朝诗人陆龟蒙和皮日休两位分别写的二首《樊榭》诗石刻，陆龟蒙《樊榭》诗云："樊榭何年筑？人应白日飞。至今山客说，时驾玉麟归。郛蒂悬松嫩，芝台出石微。凭阑虚目断，不见羽华衣。"又皮日休《樊榭》诗云："主人成列仙，故榭独依然。石洞闻人笑，松声惊鹿眠。井香为大药，鹤语是虚篇。欲买重栖隐，云封不受钱。"因风雨侵蚀，如同天书，现难以识得，但这两首咏鹿榭风情诗篇，一直记述于历代《余姚县志》。而山上神鹿石，却记述的是一段美丽的民间传奇。传说远古河姆渡，一位名叫鹿神的姑娘，是一只通人性的仙鹿，有一天去溪边汲水，见道旁病死的人很多，是得了一种瘟疫，而撒布瘟疫病毒的是东海龙王之子小白龙，为救百姓，神鹿到天山采集草药，从南海观音紫竹林化来杨柳仙露，并劝告东海小龙王，不要为难百姓。可是，小龙王见神鹿长的漂亮，动了心，见调戏不成，疯狂的四处撒布病毒。神鹿便与小龙王比法。最后，神鹿同小龙王恶战九九八十一天，双方伤痕累累，神鹿用尽全身力气，化为神鼎，把小白龙牢牢压在山下，于是有了鹿鼎山，小白龙化身成了三十里长的晓鹿溪。先民感恩鹿神，定期祭鹿。如今，鹿鼎山的山顶还遗有古祭鹿坛遗址。

观察驯鹿迁徙

驯鹿迁徙，年年重复着祖先迁徙的线路，为生存而进行着生命的循环迁徙，是动物界一大奇观，也是人类最早熟知的动物大迁徙。观察驯鹿迁徙，要数美国的霍耶尔夫妇毅然徒步走了 1500 公里，追踪驯鹿的大迁徙，马修和北美首屈一指的八位音乐家、作家、摄影家、冒险家和印第安人，与极地荒野里的驯鹿感人肺腑的接触最具精彩。

霍耶尔夫妇是美国的野生生物学家兼电影制作人。他们推出了一部旨在保护北极野生生物保护区的纪录片《做只驯鹿》。为了拍摄这部纪录片，他们在 2003 年花了五个多月的时间，对 12.3 万只北美野生驯鹿的大迁徙进行跟踪。他们的追踪行程是徒步完成的，在这块被冰雪覆盖的自然大地上，留下了长达 1500 公里的足迹。霍耶尔夫妇先是跟着鹿群从加拿大来到了美国北极国家野生生物保护区，而后又追随鹿群返回了加拿大。在这五个月的时间里，他们不仅捕捉到了壮观的自然景象，而且实现了与野生驯鹿群的亲密接触，甚至在只有几米距离的地方拍摄下了小鹿诞生的全过程。

马修和北美首屈一指的八位音乐家、作家、摄影家、冒险家和印第安人，与极地荒野里的驯鹿最感人肺腑的接触，制成真情音乐专辑《驯鹿宣言》（Caribou Commons）1999 年发行。1250 公里旅程中的所见所闻，实地录下的溪流声、鸟鸣、风雨飘摇声等自然音响，都化为充满能量的音符，引导人们用最平等的视野，参与一场驯鹿的生命之舞。失去母亲却嗷嗷待哺的幼鹿，荒野间迷失顽皮小鹿，溪畔溺死的母鹿，数百只鹿群的壮观迁移。作者极力通过纯音乐，附带些自然界的声音来营造一个自然的壮观、辽阔和纯净的世界，引起人们的共鸣和担忧，激发一种非常质朴的对自然的热爱。

科学家观察揭开山地驯鹿的古代祖先之谜。根卡尔加里大学环境设计系博士拜伦·韦克沃斯和他的研究小组，对山地驯鹿 DNA 进行了分析，同时连续 10 年来对黄石到育空走廊落基南部山脉（包括阿尔伯塔省西部和卑诗省东部）山地驯鹿迁徙模式进行了跟踪研究。研究结果显示，山地驯鹿是迁徙的苔原驯鹿和定居的林地驯鹿的混合品种。研究人员认为，该混种过程有可能发生在大约 1 万年前的最后一个冰河时代末期。那时两个亚种的驯鹿有可能同时迁徙到落基山东部斜坡的无冰走廊沿线地区。韦克沃斯博士称："它们的 DNA 由部分林地驯鹿和部分苔原驯鹿组成，这样的组合非常有趣，因为这种混合的基因表达同时也展现了它们的迁徙行为。在这些山地驯鹿中我们可以看到各种各样的个体行为，有的从来都不迁移，而有的则每年迁徙于 100 公里之间的丘陵和山区。该种群中既包含迁徙和非迁徙的个体，而这就是山地驯鹿生物多样性的表现，这为它们提供更强的环境适应性，以适应气候条件和人类活动带来的环境变化。""我们知道迁徙一直是驯鹿重要的适应性反应。"

仿生学专家观察驯鹿迁徙，得到了自然与科技协调发展的启示。驯鹿迁徙，要走过雪地、冰面和崎岖不平而又坚实的途路，年复一年，这运动使驯鹿的脚成了不适应到进化（适应）的产物，驯鹿的主蹄大而阔，中央裂线很深，悬蹄大，掌面宽阔，是鹿类中最大的，行走时能触及地面，因此适应在雪地、冰面和崎岖不平的道路上行走。而且驯鹿脚关节灵活、韧带轻松，行进的驯鹿蹄就像上发条后自摆的钟坠，能量消耗极小。仿生发明便有了驯鹿机器人（重定向自机器驯鹿）为驯鹿外型的机器人，圣诞老人用它拉一些玩具到白金岛。进而有了象人双腿直立行走和跑步的驯鹿机器人。

驯鹿迁徙中，掠食动物的掠食并不会危及驯鹿群的生存。观察发现：加拿大育空地区每年都有大群驯鹿越过波丘派恩河，它们会引来狼群。2 万年来，这里的族人的命运与迁徙的驯鹿息息相关。他们和等待在河边的掠食动物一样，一直把驯鹿当作重要的食物来源。这是一年中的重要时节。熊和狼就像当地人一样，也要靠驯鹿群维生。但它们只会杀死小部分驯鹿。驯鹿的总数约有 13 万只，其中 10% 被人类猎杀，狼和熊则只杀死 3% 左右。动物的掠食并不会危及驯鹿群的生存，每年都有约 8 万只小驯鹿出生。千百年来，驯鹿的迁徙路线从未改变。激流和陡坡，阻挡不了它们前进的脚步。然而，迁徙途中难免发生死伤。年老的鹿和小鹿会在途中累倒。饥饿的掠食动物则在一旁等待、寻找老弱病残的驯鹿。

发出迁徙信号的都是雌性驯鹿，驯鹿每年都进行浩浩荡荡的千里踏雪大迁徙。入冬，成千上万头的驯鹿汇集成巨大的鹿群，从北向南，朝森林冻土带的边缘地带转移。次年春天，它们再向北方的北冰洋沿岸进发。4、5 月份，鹿群到达它们熟知的冻土带僻静处，在此养育儿女。驯鹿每年迁徙大约 160.93 公里到超过 804.67 公里，春天离开自己越冬的亚北极地区的森林和草原，沿着几百年不变的路线往北进发。雌鹿打头，雄鹿紧随其后，秩序井然，长驱直入，边走边吃，日夜兼程，沿途脱掉厚厚的冬装，而生出新的薄薄的夏衣，脱下的绒毛掉在地上，正好成了路标。驯鹿总是匀速前进，除非遇到狼群的惊扰或猎人的追赶时，才会来一阵猛跑。而那些随着春天一起降生的小驯鹿则为这场迁徙平添了不少危难。《动物世界》节目观察到驯鹿迁徙途中：小驯鹿和妈妈是跟着鹿群迁徙的，穿过雪地，趟过大河，小驯鹿都顽强地闯过来。一路上还有掠食动物的袭击，鹿群翻过山岭，小驯鹿却掉队了，原来它的妈妈已经被灰熊杀死，只剩下一些残骸，但是妈妈的气味还在，小驯鹿知道，它要和妈妈在一起。高高的山岭上，小驯鹿呼唤着，然后坚定地卧下来，守在妈妈身边，直到狼群返回，也将它吞噬……

百年商标“麒麟”

辽宁省辽阳市一位老人传了两代人的一对插花瓶，是一对麒麟牌的老啤酒瓶，这可不是现今你见到在中国的日本料理餐厅，和麒麟啤酒竹林篇广告片中作为“风铃”的贴纸标麒麟牌（KIRIN）啤酒瓶。而是麒麟牌的老啤酒瓶，单瓶高32公分、凸肚直径15公分、重量1.4公斤，瓶体流畅圆通敦实、红糖色里呈出亮润，颇为招眼，而更耐看的是瓶体“麒麟”浮雕商标。它是世界上使用历史最长的“麒麟”牌商标的实物见证。它也成为了我的带鹿图形商标藏品的一件。

“麒麟啤酒”的历史可追溯到100多年前。1870年（明治3年），William Copeland在横滨山手地区创立了“Spring Valley Brewery”啤酒公司，成为日本啤酒事业的创始人之一。1885年（明治18年），在承接了“Spring Valley Brewery”啤酒公司的土地以及建筑物之后，设立了全新啤酒公司“Japan Brewery”。1888年（明治21年），“Japan Brewery”啤酒公司和“明治屋”之间签署了一手销售合约，开始销售“麒麟啤酒”。1907年（明治40年），“麒麟麦酒株式会社”成立，正式承接了“Japan Brewery”啤酒公司的相关事业。1912年（明治45年），“麒麟啤酒”首次使用玻璃瓶盖。1916年（明治49年），“大日本麦酒株式会社”在青岛生产啤酒，使用的商标有“麒麟”牌。收藏品中的这一对麒麟牌的老啤酒瓶，是“大日本麦酒株式会社”在青岛生产麒麟牌啤酒的成品容器。当时中国的东北（日军占领区）上层权贵和日本上层社会人士一样，以喝这种麒麟啤酒为奢侈身份的象征。麒麟，形态庄重，内在仁厚，性情温和，中规中矩，择土而践，不踏青草，一副谦谦君子的模样，与中华民族的传统美德相吻合。在中国麒麟最早代表“祥瑞”，而后丰富为孔子倡导的“中庸”“礼乐”（昌盛吉祥)、“仁慈”的人格化身，“仁德之兽”。传承在日本，麒麟则代表守护、吉祥、升仙、丰穰等意义。麒麟及麒麟文化在日本得到了很大的发扬。日本有一本书《圣兽麒麟的传说》，是一本颇精美、较全面介绍麒麟文化的大型画册，生动地讲述了麒麟文化的起源、演变、流传以及麒麟与龙的关系，麒麟与中国文化，麒麟与日本文化等内容。这本书，是由麒麟啤酒公司策划出版的。麒麟啤酒以“麒麟”图形为商标，并丰富创新麒麟文化，成为一个享有百年盛誉的世界性啤酒品牌。一百多年历史的麒麟麦酒株式会社也成为了日本第一大啤酒企业，目前麒麟品牌啤酒遍布全球。麒麟啤酒采用第一道麦芽汁酿造的方法，全球只有日本麒麟啤酒企业在使用，表明麒麟啤酒致力于为消费者创造关注自然与人文的原汁原味的啤酒感受。

现在的麒麟啤酒商标保留这百年麒麟图商标，并加有英文“KIRIN”商标，文化内含更注重突出自然、环保。麒麟啤酒竹林篇广告片，将“只采取最初的第一道麦汁酿造”的诉求点，巧妙地和文学创作，沉浸自然的爬山旅行、电影制作、返朴归真的温泉生活和单纯快乐渔民生活联系在一起。美好平静的画面，美好平静的人，“麒麟啤酒，一级棒。”宝岛台湾特色的淳朴念唱，在广告的末尾，伴随着用麒麟啤酒瓶空瓶做的“风铃”，旋律直沁人心。

日本麒麟啤酒，邀请反町隆史、藤原龙也、长谷川润三位明星拍摄了发泡酒“麒麟 ZERO”的广告，这支广告讲述了三个人在岛上一天的共同生活，包括起火做饭、钓鱼、采集果实以及游泳等。它远离充斥着信息和喧闹的现代社会，阳光明媚、海风清和、海水温柔、植物兴盛，真是恬静舒适世外桃源的生活享受。

中日麒麟舞

日本麒麟舞，作为“日本东北民俗艺能、鬼太鼓座与音乐家访华演出”的开场舞在北京国家大剧院上演，时间 2012 年 3 月 15 日，此次活动是“2012 日中国民交流友好年”活动的一部分。

这次演出的臼泽鹿舞（麒麟舞）是以大槌町为中心流传的传统艺能，400 年前，从东京随海产交易的商船流传至今，共有 43 个节目，其中一大半都是向神的祈祷。遇有新家、新船、新马厩建成等喜事的时候，作为庆祝祈愿的节目来演出。

日本最古老的麒麟正长眠于奈良正仓院，是在公元八世纪时，跟随遣唐使由长安带入日本的，由于来自长安，而有“长安出生的麒麟”之称。在日本，麒麟的影响不仅出现在庙宇中，自平安时代起即出现在从古至今的重要祭典，京都园祭的“麒麟舞”，以华丽盛大的仗势，祈求吓退恶灵和带来好运，为农作物带来大丰收。“麒麟舞”同时也漫延到日本各地包括宇倍神舍、鸟取神舍、因幡地区等超过 50 座神舍的祭祀活动。正仓院麒麟的外形，逐步演变成：保留鹿角，而麒麟身已由鹿身改为马身，并除去麒麟身上的麟纹，增加类似狮子鬃毛等特色。这从臼泽鹿舞（麒麟舞），就能看清这些特色。

中国广东省民间麒麟舞也保留至今。广东东莞市的客家麒麟舞，有着300多年的历史积淀，代代相传的继承与发展，1999年2月，东莞市清溪获得了广东省民族民间艺术（麒麟舞）之乡的殊荣。2001年10月，清溪麒麟舞参加由广东省文联、广东省民间艺术协会主办的首届“黄阁怀”麒麟舞大赛喜夺金奖。

客家山歌和麒麟舞则是客家文化的的根。客家人视麒麟为吉祥物，在客家传说中凡麒麟踩过的地方，就会给那里的人们带来幸运，故有“麒麟吉祥”之说。客家舞麒麟据说是源于一个“麒麟吐玉书，黄河清三日”的美丽传说。据传，孔子出生那一天，麒麟口含一本玉书，送至孔子床前。孔子得此玉书，勤思苦读，终成才高八斗，学富五车之圣人，并设帐授徒，教化子民，使中华民族文化得以延续。而一向重视教育，崇尚文化的客家先辈就把麒麟作为布播文明的圣物而加以崇拜。

在清溪和樟木头镇，每逢喜庆节日，如过春节，宴亲等都有舞麒麟的活动。在过去客家人的舞麒麟活动。集中在春节前十天左右，举行开光仪式。即新置的麒麟头的眼睛要蒙住，然后择良辰吉日启封，并到社稷伯公前参拜采青。开光仪式一般在半夜举行，去参拜采青时要停锣息鼓，采青后回来开始鸣锣打鼓。开光的翌日，则设开光酒宴，邀请出嫁女、乡中同姓和亲属参加。大年初一，全部集中在圩镇开锣，由各队表演舞麒麟套路和武术，武术按单拳、双拳、单刀、长、短棍、藤牌的顺序进行表演，最后是快耙。开锣前，由一人捧持着红木盒带领麒麟队逐户参拜，并派柬贴，集中活动后，再逐户参拜，收取红包利是。这种活动一般要持续到正月十五，甚至到正月尽。麒麟是客家群众长期以来最喜闻乐见的民间艺术形式之一。

原始传遗民间的鹿舞（九则）

巍巍叠山，茫茫林海，滔滔碧水，滚滚惊雷，呦呦群鹿，人类就在这种大自然的怀抱中，开始了最初的手舞足蹈，俗称原始舞。考古推断：7000 ~ 8000 年以前，人类已能磨制石器，制陶和纺织，并已开始出现农业和畜牧业，人们开始获得较可靠的生活资源，进而可以定居而生；这时，人类的原始舞蹈虽然依旧是生活即兴，但已经产生了相对独立的艺术萌芽，例如舞蹈去模拟日常的狩猎，模拟常见的周边动物，而不一定作为真正狩猎的一个部分了。“鹿舞”就这样成为较早的原始舞。初始，“鹿舞”是以自娱为主，宣泄剩余精力，喷发性爱欲求，带有明确的生殖崇拜意识和意图。后来，被用来娱神，开始进入严格的仪式化和程式化过程，带有不同程度的宗教感和宗教性，以表达对未知世界的毕恭毕敬，更在不经意中流露出某种恐惧和无助。于是，节奏始终占有主导的地位，因为，原始人类笃信能用相同的节奏同彼界沟通，并对狩猎对象产生催眠作用，以确保风调雨顺、五谷丰登、狩猎成功、种族兴盛。

今天，我们所见的民间鹿舞，一般都由原始舞蹈发展而来。其中，美洲印第安的民间歌舞可以说是最为罕见，也最为原始的，它与人类起源的本能冲动、生命本质的原始形态，关系最为密切，也最为直接，他们的舞蹈动作不复杂，让人一目了然，一看即懂，便于全体成员都能参与其中。跳舞时，部落首领往往会担任领舞，带领一群打份乔装成“鹿”的印第安人，跳节奏鲜明的“鹿舞”。为了继承和发扬自己的舞蹈传统，当代的印第安人经常在集市和节日上主办各种规模的展演和比赛，舞蹈中数量最多的当属模仿动植物的，如《鹿舞》《鹰舞》《鸡舞》《鸭舞》《乌鸦舞》《青草舞》等等。墨西哥印第安人对鹿情有独钟，在民间舞蹈中墨西哥西北各地至今还保留着表现古老的“狩猎”“养鹿”习俗的“鹿舞”；一些年纪很大的民间艺人头上戴着鹿角，把鹿的各种动作模仿得微妙微肖，如果不是对这种动物十分熟悉的话，那是根本不可能的。纳瓦霍人的鹿舞，这是一种原创性舞蹈，在 Dinni-e Sin 的《猎歌》中提到过，在 Natalie Curtis 的印第安人书册中记录过。今天，“鹿舞”是墨西哥西北部索诺拉州的文化和传统象征。

阿伊努人比大和人更早地来到日本这片土地。很久之前，阿伊努人可以在日本纵情奔走，打猎捕鱼，优哉游哉，当阿伊努人回到他们的村落之后，远处的山林中传来群狼长长的嗥叫。阿伊努族人把它们叫做“远方长嗥之神”。他们选一块上好的圆木，剥了皮，用刀在上面刻下狼的图案。他们甚至在山林的深处，建起供奉着倭狼的神社。在传说中，狼是大自然法则的执法者。阿伊努人相信，每一个生灵，都有着自己的守护神。如果尊重它们，它们的神灵也会护佑人类。所以，他们祭狼、祭熊、祭鲑，祭祀的时候，模仿动物，跳起鹿舞、鹤舞、狐舞、孔雀舞，真切表明自己对自然的一片尊崇之心。

青海贵德县拉西瓦镇的罗汉堂、昨那两寺院的“鹿舞”是宗教寺院的一个护法神的跳羌姆表演，保留了许多古代藏传佛教的原生态艺术，它的古老性和神秘性，在人类学、民族学、民俗学、宗教学等方面都体现出重要的学术价值。它的内容主要以莲花生八名号舞为主，表达护法制敌，向民众施行仁慈，祝愿地方风调雨顺，安居乐业，人畜两旺，五谷丰登。具体内容是以护法山神的化身鹿为主体，舞姿基本上是驱邪降魔的动作。包含着保护动物、保护环境、保护人类、人与鹿（动物）共存，创建吉祥和谐社会的寓意。两寺院每年两次法会上跳“鹿舞”，即在农历十月初九、初十的小调欠，正月初九、初十的大跳羌姆中表演。两寺院“鹿舞”全系面具舞，头戴鹿头饰，按鼓、钗和大喇叭（称长筒号）节奏表演鹿的各种动作，多作左右大幅度地跳跃，手脚和头要同时并用，给人以热烈雄壮的感觉。有时中间穿插念经，根据经文内容，动作则细腻婉转，表示对佛的虔诚之至；有时手持刀、矛、箭等奔跳狂舞，表示对敌人的仇恨和征服魔鬼的决心。表演者都是青壮年男性。两寺院的鹿舞，表演与一整套宗教舞蹈组成，其中的“鹿舞”是重要的环节。表演时，由僧人表演莲花生八名号舞及护法神、地方神、山神等舞蹈。舞者系身姿矫健的青年人，少则 8 人，多则 16 人，有的还头戴九头光曜、猫头鹰等鸟类等面具。舞者装扮成佛教传说的各种神祇形象，随着器乐鼓、钗等节奏而跳跃。

“哈钦木”源于今甘肃省合作市夏河县拉卜楞寺。“哈钦木”本意为鹿舞，包含圣者劝化猎人不要杀生的意思，是藏族寺院“七月法会”（柔扎）的一个组成部分，也称“米拉劝法会”。“哈钦木”这一特殊艺术表现手法已有三百余年历史，延续到现在除了有劝化猎人不要杀生的含义以外，还有另外一种象征意义，那就是驱除魔怪，祈求当地风调雨顺、五谷丰登、人畜兴旺、吉星高照。

蒙古族古老的舞蹈，是在为自己狩猎获得丰硕的食物和兽皮欢庆而聚集起来时进行的，有的在唱，有的则仿照兽禽的动作或狩猎的过程舞蹈，有的则有节奏地敲击器具以作伴奏，这就是蒙古民族舞蹈的起源。这种舞蹈的技巧代代相传下来并不断地发展、充实，便成了后来蒙古民族的传统舞蹈。例如查玛舞中的“鹿舞”，就是其中的一个典型。查玛舞的传播，是成吉思汗率领蒙古大军灭西夏之后的事。成吉思汗把“查玛”舞定为元朝宫庭舞蹈之一。每到正月十五灯节和夏季吉祥之日，在堂皇富丽的大殿门前给观众跳“查玛”舞。据记载后来在北京城内的保和殿、养心殿、雍和宫等宫殿和庙宇里除了供奉佛像、诵经外，还跳“查玛”舞。“查玛”舞分三种：一种是“赞颂舞”，系歌颂帝王将相以及一些英雄人物百战百胜、威震四方的舞蹈，主要表演他们在战场上的射、刺、砍、杀等武功动作；一种是“欢乐舞”，主要表现赞颂神仙、活佛等，战胜邪恶、普降吉祥等内容，是一种有着浓厚的宗教色彩的蕃式舞蹈；第三种是“兽禽舞”，系模拟鸟兽性态舞蹈，如龙舞、鹿舞、狮子舞、凤凰舞等。兽禽舞，是元朝灭南宋、征服西藏和东欧后，在各地兽禽舞的基础上创造和发展起来的。其中，鹿舞，则是蒙古族原始鹿舞与藏族鹿舞的融合与发展。

新疆哈萨克族传统模拟动物的舞蹈有:《鹰舞》《熊舞》《鹿舞》《山羊舞》。

鄂温克使鹿人的“鹿舞”，被搬上了国家大剧院：当鹿哨吹起，走散的驯鹿回来时，演员们举起驯鹿角跳起了“鹿舞”。这种舞蹈的舞步和动作，是鄂温克人从朝夕相伴的驯鹿身上学来的。他们模拟驯鹿的跑、跳、走等姿势，甚至将驯鹿行走时颈部的细节动态也模仿了出来。此舞蹈的特点是：脚部踢踏强劲有力，代表着驯鹿稳健的蹄子。在“鹿舞”的演出中，有两名男演员举着真的驯鹿角，在舞台中央表演“斗鹿”，让观众从中感受到鹿儿们玩耍的愉快场面。

马鹿舞是临沧市耿马傣族佤族自治县、思茅市孟连傣族拉祜族佤族自治县傣族民间用于喜庆祈福场合的道具舞。每逢泼水节等民间节庆活动，人们都要扎白象、马鹿跳舞，以祈求上苍保佑风调雨顺。马鹿舞傣语原名“戛朵”，“戛”意为玩、耍，“朵”相传是一种形似马鹿的长体、长角的神秘野兽,“恩朵”即模仿这种野兽跳的舞。由于“恩朵”与马鹿舞形象、跳法近似，久而久之民间渐将两者合二为一，统称为马鹿舞。舞蹈起于古代先民居于山林常与大象、马鹿交往对其产生好感而跳舞模仿，相传大象是佛的使者,“朵”是去朝佛时被佛所发现的，它们后来都成了拜佛舞蹈的内容。马鹿道具用竹木扎制衬架，上糊纸布并饰以须穗、绒毛、亮珠，适当加以彩绘，使眼、鼻、嘴、牙、尾等能随意摆动。马鹿舞是两只马鹿配合在一起表演，脚上基本动作为走步、点步、跳步、碎步跑、起伏步。白象舞的舞蹈动作按舞蹈分类法可分为原地后踢步、踏步转身、前进或后退踏步、双吸腿跳、双脚跳步转圈、前腾跃步、抖身踏步 7 种舞蹈动作。

黎族世代居住在海南岛上，狩猎是黎族的重要生产劳动之一，打鹿舞舞蹈者三人，一人扮鹿，用被单蒙在身上，双手分持用稻草扎成的鹿角、鹿尾，模仿鹿的形态，奔跑腾跃、活灵活现；另二人扮作猎人，一个装聋，一个装瘸，追打围捕该鹿。当中还穿插一些抽烟等生活细节，舞蹈蹈风趣、诙谐。猎获后，还有全村分享兽肉的风习，猎手被誉为是标准男性和“运气”的意味。

这一场场鹿舞，承载遗传着先民的生活信息，也寄托着代代传承的信仰与追求。是鹿与人类相依共荣的活化石。

纸背夹行麝墨香（七则）

中国古代的唐朝，始见有把含有麝香的墨（文房四宝之一）称为麝墨。（唐）诗人王勃《秋日饯别序》有：“研精麝墨，运思龙章”之句，（唐）陆龟蒙《采药赋》亦有“烟分而麝香犹湿”之句，（元）张弘范《墨竹》诗：“麝墨芸香小玉丛，澹烟横月翠玲珑。”（元）马祖常《礼部合化堂前后栽小松》诗之二：“微风吹几帷，砚池麝墨香。”可见麝墨是古代名士文房用具。麝香原料取自鹿类动物的（雄性）原麝（又名“香獐”）腹下的一个香囊。古往今来，文人墨客视将麝香加入墨中麝墨，为墨中圣物，以“麝墨”写字作画，不仅满屋清香、气味迥异，而且字画防腐防蛀，可以长久保存。并借“麝墨”作诗对句、叙物述景、咏豪抒愁，真是“纸背夹行麝墨香”。

古代的许多店铺有店牌匾，而行业还有对联，墨店就有用“名山藏麝友，雅座揖龙宾”此联宣传商品。“麝友”源于“麝墨”，《初学记》：“韦伯将《墨方》曰：合墨法，以真珠一两，麝香半两，皆擣细，后都合下铁臼中，擣三万杵，杵多愈益，不得过二月、九月。”“龙宾”为守墨之神。泰不华诗：“龙宾十二吾何有，不意龙文入吾手。”《琵琶记》书馆五娘题诗：“芸叶分香走鱼蠹，芙蓉妆粉养龙宾。”其“龙宾”（与“麝友”对仗）的典故也使得联句更为古雅，更能引起文人墨客的情思和注意。

激励文采，文人借用麝墨香灵。记得高考语文课最后一堂课，老师用了这样的结束语：借用古人王勃的一句话，我祝福同学们“研精麝墨，运思龙章”！我们惊叹：太有才了，也倍感鼓舞。后来我还见有用“接天映日一何奇，麝墨含香入彩思。”“虎头之银毫舞处，彪炳文章，鸾笺之麝墨争飞，璀灿诗思。”和“龙津如宴芝泥湿，雁塔题名麝墨新。”激励才思文采奋发的诗句。

在文人咏梅兰竹松的诗句中，也散发着麝墨香。“竹疏玉槛杏园芳，远梦依帘花影长。一缕东风笺落絮，满弦兰麝墨生香。”出自（明）的秦淮八艳、女诗人、女画家马湘兰。“嫩芽细拨银钩小，麝墨螺烟自萦绕。”出自（清）盛大士《顾南雅侍读画兰歌》。“明月炤窗人欹坐，自研麝墨写潇湘。”出自上海“三吴”（湖帆、待秋及子琛）一冯（超然）之称的吴华源（子琛）的题自画兰竹。“红捣芝泥临石镜，紫研麝墨写山陬。”出自张青云题天平山庄岁寒堂范仲淹手植君子松。还有“案上华灯空麝墨，窗前孤影伴晨昏”。“黄芽气吐唇香满，兰麝墨添笔意悠。”“斋藏麝墨助清香，醉写梅魂唤和靖。”

咏麝墨的诗句，让麝墨染千重香。（唐）诗人韩偓的“蜀纸麝墨添笔媚，越瓯犀液发香茶”，就是咏“麝墨”。（宋）张玉孃《咏案头四后球麝墨》：“兰煤薰透漏星房，苍壁无痕晕漆光。万杵龙珠凝海水，十分麝咏泣玄霜。松烟入砚还矜色，江雨翻云别有香。风静自林秋气逼，满天诗思动清商。”“阶前麝墨染千重，风帚徐摇若直中。”还有“麝墨犹湿古香溢”“麝墨助清香”“钜椟藏麝墨”。

同笔纸砚并列在诗词中的麝墨，更是香韵千古。元曲般涉调有“霜毫历历蘸寒泉，麝墨浓浓浸端溪。”还有如：“四君盛举赖前缘，麝墨香飘清淑天。”“麝墨未干室漫香”“九开版面不寻常，纸背夹行麝墨香。”“半唐斋里遇知己，麝墨白水论渴笔。”“麝墨淋漓，丽制早传梓里；花笺婉转，姓字已播京华。”“麝墨轻磨声韵玉，兔毫初点色翻鸦。”“麝墨精研合染濡”“麝墨蛮牋诗作饯，莺啼燕语鸟争迎。”“素箧冰函拓残帖，麝墨犹香纸未潢。”“敢借砚间麝墨”“采毫奁底亲描，麝墨烟痕今渺。”“两斋毓庆同颁赐，麝墨鸡毫下九天。”“半唐斋里遇知己，麝墨白水论渴笔。”“一管笔，一池麝墨”“麝墨蛮牋诗作饯，莺啼燕语鸟争迎。”“采毫奁底亲描，麝墨烟痕今渺。”诗社迎春席上，则有“云笺麝墨迎春会，惜取诗坛一代声”之句。值得一提的是：中国美院国画系教授、博士生导师王伯敏，年轻时尝试作一诗“麝墨浓如漆，狼毫稍激情，无妨怜白水，渴笔少精神”，这是青年学子时自谦之语。晚岁时节，先生人书俱老，笔墨游仞有余，又赋诗一首，曰：“麝墨浓如漆，狼毫力似针，无妨怜白水，渴笔长精神。”不同时代反映他不同的艺术心境，区区小诗，即可反映出他一生对艺术的真诚和对诗文的锤炼和寄情。

幽愁麝墨香，真是耐人寻味。金元词“惆怅留题在壁，麝墨染、无穷愁绪。常记取。徘徊顾影，镫前低语。几许。”“检点旧时遗稿，囊红麝墨黦香销。从头忆，饶多少愁怀，弹破弦么。”“几蕊梦花生麝墨，一方古铁控清愁。”“便作词人无一可，捣残麝墨题香。梅边花谱写刘郎。琼箫和恨咽，锦瑟比愁长。”“采毫奁底亲描，麝墨烟痕今渺。芳草，天涯信早。又笛裏关河，暗烽斜照。长亭归晚，头白啼乌能道。赋咽江南哀调，曳裾误、羊裘年少。”

董解元撰的董姓宗祠通用联：“麝墨轻磨声韵玉；兔毫初点色翻鸦。”董解元，金朝时戏曲家。他根据唐人元稹的《莺莺传》创作了《西厢记诸宫调》，为后来元曲作家王实甫创作《西厢记》准备了条件。

《百家姓》征联：“闻人益笔挥麝墨，东方虬诗夺锦袍。”闻人益为明代画家。东方虬为唐朝史官、诗人，唐代武后时任左史。武后游洛南龙门时，命随从文官赋诗，东方虬最先作好，武后赐他锦袍。对仗工整，字义双关。

今人还有用麝墨出上句征下句组对联，好有乐趣。上句是：麝墨螺烟散古香，对句已有五句分别是：书林砚海隔尘雾。瑶琴玉笛传新韵。童颜鹤发飘仙气。清梅碧雪传清韵。霓裳羽袖飘唐韵。

这一阵阵的麝墨香馨，沁人心扉，它不同于沉香木之香，也有别于法国香水之香，最本质的是这承载着千年文化和文人心绪的博大精深，中华民族的文明遗产，就是这样从小到大熏染着我们，伴随我们终生，并影响后代。

名山藏麝友

祖上留传给我至今还珍藏的两锭麝墨，一是天禄，一是鹿图纹饰。在 2010 年北京一个拍卖会的图录册中，我看到了与我藏品相同的两锭麝墨。图录册中印有：紫玉光墨锭价格 5000 元人民币，商品详情为墨锭两方（块）相同，一侧有字“紫玉光”“苍佩室”，另一侧有图案为“鹿牵盖车”，边款“徽州胡开文制”。

据《徽州府志》记载，徽墨创产于晚唐时期，已有一千多年的历史。据说唐末战乱，河北易州墨工奚超带儿子廷珪来歙地，见黄山脚下遍地古松，遂以松烟研制出“丰肌腻理、光泽如漆”的好墨，得到南唐后主李煜的赏识，不但委任廷珪为墨务官，还赐其全家以“国姓”，从此李墨风靡天下，至宋宣和年间竟至出现“黄金易得，李墨难求”的盛况。自宋至明清，歙县因徽州府治于此，故为制墨业的集散地，先后涌现出大批能工巧匠。清代徽州的制墨业在继承明代传统的基础上，又有了新的发展。曹素功、汪近圣、汪节庵，胡开文四家制墨先后闻名一时，后人合称为“四大墨家”。他们代表了清代制墨业的最高成就。

据传说，康熙帝巡视江宁时，曹氏（曹素功）曾以黄山图墨贡献，深得赏识，并赐名曰“紫玉光”。由此曹氏名声大振。那么，胡开文墨店怎也有制“紫玉光”呢？

原来是这样：所谓“紫玉光”，源于“墨色贵紫”的说法，是对墨品的极高评价。它并没被用作或注册为商标。善于把握时机的胡开文，以“苍佩室”的品牌，拓展了套装墨、贡品墨、御制墨、精品墨、特制墨、礼品墨、专用墨系列产品，历六、七代传人的努力，胡开文墨店的金字招牌，挂满大江南北的主要城市，其数目达几十家之多。260 多年，名牌不倒，一枝独秀，占到了市场的大份额，把徽墨名牌推向了顶峰。曹素功有“紫玉光”名品，胡开文则有“苍佩室”品牌的“紫玉光”珍品。同办贡墨、同样品质、同沐皇恩，这也是胡开文善于把握时机的一个实例。

现在休宁县海阳镇齐宁街育才巷内，当年制墨高手胡开文的故居仍保存完好。这是一座由大厅、客厅、花厅、八合院、四个四合院、五个大三间以及账房、厨房等组成的建筑群，内有 128 个门洞相互连接。也就是在这里，胡开文让自己的产品蜚声中外。为了确保原材料的质量，胡天柱（胡开文的本名）令其子在黟县的渔亭置办了一爿正太烟房，利用渔亭一带丰富的优质松木，精炼松烟，这就为优质产品提供了原料保证。此外，他改革配方，不断提高生产工艺标准，终于生产出墨质极佳的著名珍品。走访胡开文的故居，能了解到：“苍珮室”是休城老店专用的斋堂款，后来其它非老店分设的墨店是不允许使用的，而老店产品应视为正宗产品，故而与非老店系统的墨店的产品相比，署有“苍珮室”款的墨品其质量还是要略胜一筹的。产品选料严格、精工细作、技术精湛，采用纯油烟、天然麝香等 16 种珍贵药材精制而成，有着优良的民族传统和独特的艺术风格，具有色泽黑润，历久不暇，落纸如漆，润泽生光，藏久愈佳，不裂干燥等特点。

（清）道光始，老店名声大振，许多文人墨客、达官显贵皆在该店制作自用墨，如：清道光二十七年（1847）为童濂制“瓶花书屋藏墨”；

咸丰二年（1852）为杜堮制“玉屑珠英”墨；同治六年（1867）八月为曾国藩制“求阙斋”硃墨；同治己巳（八年、1869）为李鸿章（少荃）制“封爵铭”墨；光绪九年（1883）七月为张謇制“季直之墨”；光绪丙申年（1896）为梁启超制“任公临池墨”；光绪癸卯（1903）十月为端方制“秦权形墨”等。民国以后，有为安徽省督军通威将军倪嗣冲制“百寿”墨；民国二十年（1931）孟春月为胡拜石、陈一帆二人制敬献给杜月笙的“风高孟尝”墨等。

紫玉光、苍佩室，鹿牵（王青）盖车凸纹图案的胡开文墨，应该是当年的贡墨，是贡献给清朝皇子王孙及太师的用墨。因为“王青盖车”，是东汉皇太子、皇子所乘之车。《后汉书·桓帝纪》：“（梁太后）使冀持节，以王青盖车迎帝入南宫，其日即皇帝位，时年十五。”李贤注：“《续汉志》：‘皇太子、皇子皆安车，朱班轮，青盖，金华蚤。’故曰王青盖车也。”用此典立意所制的紫玉光、苍佩室胡开文墨，应该也会是皇帝赏赐给翰林进士之类的贵物，用以告勉能臣：得（禄）鹿当（象鹿牵王青盖车这般）为朝廷效力、行善、尽忠。

寻麝采生香

“寻麝采生香”，这是唐代著名诗人张祜描写猎麝取麝香情景的诗句。麝香之名的来历，明代大药物学家李时珍在《本草纲目》中说：“麝之香气远射，故谓之麝。或云麝父之香来射，故名。”即因其香气远射，故名麝香。

中国有句俗话：“有麝自然香，何须迎风立。”意思是说，英雄自有用武之地，不必招摇显摆。而事实上则恰恰相反，每到发情期，雄麝就会选择一个顺风的“制高点”，“打开”积蓄一年且极为丰满的香囊，释放出浓烈的麝香，以香传情，引来雌兽，与之交配。

麝最喜于独居。交配后，雌兽和雄兽就像什么事情也没发生似的，各自扬长而去。麝极善跳跃，向前一蹿就有两三米，向上一跳就是五六十厘米。它们蹄爪坚韧，外凸内凹，极其适应在凹凸不平的碎石地和石崖上行走，稳定而矫健。它们的耳朵还可以自由扭动，若有异常响动，则收起前肢，用后腿支起身体，全神贯注地谛听，警觉极了。麝行走的道路，多为崎岖险阻、陡峭和怪石嶙峋的“坎坷之路”。原来，是为了躲避棕熊、貂熊和猞猁等天敌的跟踪，它们故意将道路选择在天敌们不易到达的地方。它们的活动极有规律，每只麝的居住和取食区域范围一般在10~15公顷左右，并形成了一个固定的“麝香道”，每天都沿着这条路线行走、采食，排泄、遮盖粪便也有固定地点。麝常常会返回“麝香道”走走、看看，即使曾在这里差点丧命，真可谓“舍命不舍山”。古人掌握了原麝的习性，寻麝采生香，得来也就不费功夫了。

陕南秦巴山区，历史上就是麝香的著名盛产地。早在南朝梁时的《名医别录》中，即有“麝生益州、雍州山中”的记载。麝香为成熟的雄麝腹下香腺囊中的分泌物。自古以来，麝香就是一种驰名中外的珍贵药材和高级天然动物香料，为我国著名特产之一，被誉为“诸香之冠”“香中之王”。我国一直是世界麝香的主产国，上世纪五十年代，我国麝香产量占全世界的80%。所产麝香以包子大，油润光亮，质柔软，有油性，当门子多，香气浓烈而驰名，陕南麝香与西藏麝香、青海麝香、四川麝香并列为我国“四大名麝香”。

我收藏书架中有一本杨春波（北京同仁堂主管中药技师）古稀之年写成册的《麝香集注》（1990年原稿全80页，未发表）载有：“我国有丰富的麝香资源，五十年代，每年产麝香高达三、四千市斤，约计有野生麝几十万头。由于麝香用量逐年增大，求过于供，价格猛升，猎户为了多得钱，乱捕滥杀，使麝的繁殖遭到严重破坏，到八十年代‘毛壳麝香’产量明显下降。”《麝香集注》介绍了养麝取香、人工合成麝香，还从读（宋）许洪《指南总论·论用药法》得出在用药上主要用麝香“通关开窍”以缓供求紧张的思绪。他从疏导的角度，倡导限制“寻麝采生香”。一位老药工的社会责任心溢于言表，令人珍惜。

鹿目田黄“亦吾庐”

多少年了，我都随带有一枚家乡的寿山石鹿目田黄闲章“亦吾庐”。它有着乡土的温润，它是我思乡的情结；它像鹿目那般纯朴、晶莹、温存，又像我随带的老家。每回观赏、把玩，总爱吟咏陶渊明的诗：“孟夏草木长，绕屋树扶疏。群鸟欣有托，吾亦爱吾庐。”

记得家乡篆刻大家陈子奋作著《寿山石小志》一书，在“鹿目格”条下写道：“鹿目格产生杜陵坑附近之土内，为块状独石，黄而浓者，鲜艳如枇杷，暗则作红酱如年糕。通灵细润者，近似田黄，但无萝卜纹，且黄中泛红，名鹿目黄，红如红酱，黄如枇杷，红黄相兼，祥光凝灿。又号鹿目田，其价亦不减于田黄。”听家乡寿山石行家说，鹿目格（鹿目田黄）石产于福州寿山都成坑西面山坳砂土中，与尼姑楼坑洞相去不远，以产地命名。多为零散块状独石，靠挖掘而得。石质细润，佳者色黄质纯，名为鹿目黄，近似田黄石，但肌理不具有萝卜纹，俗称“鹿目田”。这么看来，我这枚鹿目田黄章（“亦吾庐”），是寿山石“鹿目田”中的优良品种，石质温润、色彩瑰丽，显得十分高贵。“鹿目田”，“多为零散块状独石”，应该也是型似鹿目（鹿的大眼睛）而得名。

我这一枚鹿目田黄章印文是朱文“亦吾庐”，边款有：白阳山人，应该是明代书画家陈淳（号“白阳山人”）自刻章。陈淳（1483-1544），初名淳，字道复，后以字行，别字复甫，自号白阳山人。长洲人。书画受业于文徵明。擅写意花卉，与徐谓并称“青藤”“白阳”，山水学米友仁。书工行草，是晚明狂草大家。“白阳山人”好自刻章，鉴藏印有：鄂庐鉴藏。

“亦吾庐”，着实为文人墨客、达官贵人、闲居隐士所喜好。

宋朝诗人陆游有两首诗用到“亦吾庐”。《暮春》，“山阴又见暮春初，禁火园林社雨余。世事不妨随日改，年光未遽与人疏。豉香下箸尝蕈菜，盐白开奁得（上制下鱼）鱼。草草一杯终可喜，数间茅屋亦吾庐。”《幽怀》，“苫茅架竹亦吾庐，病起幽怀得小摅。爱酒已捐身外事，闭门犹读死前书。邻家人喜添新犊，小市奴归得早蔬。但使身安岁中熟，敢辞老境落樵渔！”陆游诗中的“亦吾庐”，虽然简陋，但清幽致远。

南宋诗人、书法名家王之望，龙华山寺寓居十首中有：“稼穑归宁遂，经纶计已疏。渊明至穷约，三径亦吾庐。”

明朝最著名的思想家、教育家、文学家、书法家、哲学家和军事家王守仁龙场谪居期满，升任庐陵知县，那年的除夕是在舟中度过的，他写了两首《舟中除夕》，其二云：“远客天涯又岁除，孤航随处亦吾庐。”

明朝近300年间，留下著述（400余种）最多的人、状元杨慎（杨升庵），客居云南好友毛玉之子家中别墅，诗有：“高峣亦吾庐，安宁亦吾宅。屏居三十年，宛如故乡陌。”

虚云老和尚赠性净同参有诗“天地亦吾庐。心容若太虚。有山能载物。无水不安居。忙着修栏药。闲来不读书。未知方寸里。可得契真如。”

清朝状元潘世恩撰《亦吾庐随笔》，进士欧阳云有《亦吾庐诗草》。

画家沈起鲸有《亦吾庐吟草》。中国画画家陶冷月曾用书斋名：小亦吾庐。历史上一些名人豪宅也用名“亦吾庐”。常州盛康（号旭人）在苏州所购得“刘园”建留园建筑有“亦吾庐”。光绪三十年九月，魏光焘调补闽浙总督，筑“亦吾庐”于邵阳城内考棚街。赣州城南市街形成于宋代其中最具代表意义的是南市街6号的“亦吾庐”商氏民居，高门宏石，气宇轩昂，庭院深幽，门、窗楣等处尽是雕刻得十分讲究的装饰物，并且工匠艺术精湛，显示着严谨的石刻艺术，令人赞叹不已。怎能令人不“吾亦爱吾庐”？

天送麟儿

孙俪在接受访谈到孩子时抱怨到：朋友们寄来的贺卡上很多都写着“祝麟儿……”，将来都不知道怎么跟孩子解释。这句话引发网友在网上发“帖”吐槽，批其“没文化太可怕”。这名人效应着实让更多人受益的是：知道了中国古代民俗多以“麒麟儿”“麟儿”“麟子”等为美称赞扬别人家的孩子，仁德、富贵、祥瑞，今也有习用。

传说，北朝齐昭帝（高演）曾亲手题了一块“天送麟儿，华美如玉”的匾额令人用“八百里加急”送到当时天下首富江南荣家，作为容瑾瑜的满月礼。

南朝《陈书·除陵传》曰：“时宝志上人者，世称其有道，陵年数岁，家人携以侯之，宝志手摩其顶，曰‘天上石麒麟也’。”此后“麒麟送子图”之作，作为木板画，上刻对联“天上麒麟儿，地上状元郎”，以此为佳兆。

唐朝杜甫《杜工部草堂诗笺·徐卿二子歌》：“君不见徐卿二子生奇绝，感应吉梦相追随，孔子释氏亲抱送，并是天上麒麟儿。”

明朝汪廷讷《狮吼记·训姬》：“那陈季常呵，风流潇洒，愿他早诞麟儿。”

传说，清朝状元潘世恩，在出生前夜，祖父潘冕梦见一只玉麒麟自空而降，落于潘家庭院，随即化为麟儿，仿似他一生腾达的先兆。潘世恩尚未及第，他与堂兄潘世璜的声名即盖过诸生。他的父亲潘奕基请人写幅对联“老苏文学能传子，小宋才名不让兄”以示鼓励。潘世恩参加童试时，吴县知县李昶亭见其“器宇端凝”，将他“拔置前席”，出对云:“范文正以天下自任”，潘世恩即刻对出:“韩昌黎为百世之师”。李县令又出横批“青云直上”，潘世恩又对“朱绂方来”。李昶亭听后连连说:“此童子将来必定富贵！”是年补诸生，就读于紫阳书院。乾隆五十八年（1793）潘世恩状元及第，授修撰。从此官运亨通，“少年得进崇阶，又系鼎甲，宜爱惜声名，切勿恣志，前程远大”（嘉庆帝为潘世恩奏折所作批语）。后历任侍讲学士、内阁学士、户部左侍郎等职，偕纪昀经理四库全书事宜，嘉庆十二年（1807）充续办四库全书总裁、文颖馆总裁。次年任翰林院掌院学士。

国民时期风行上海的“上海美华十字绣挑绣图”发行有近百册种，第三十七册第三页就是“天赐麟儿枕套式”十字绣图样。

佛教寺院联句也用到“麟儿”。上联：天上赐麟儿此是世尊亲抱送，下联：山中闻梵呗原从灵鹫早飞来。

代人取名的学究，也有“麟儿”吉语：舞鹤衔芝麟吐玉来，天送麟儿祥云绚彩，怀投玉燕呈梦应祥。可喜可贺！

梨园戏与泉州民间信仰有“皇都市送麟儿”。梨园戏《皇都市》其剧情概况为：仙童、仙婢奉玉帝敕旨，送仙女娘娘出仙宫，到皇都市送麟儿，一路上载歌载舞，热闹非凡。小军引领头戴乌纱、簪金花，身着大红官袍的董永来到皇都市，仰望天宫，寻找七仙女。彩云开处，七仙女怀抱麟儿，与董永重逢，诉说夫妻久别相思之情。七仙女将麟儿送与董永抚养，两人依依难舍，以表夫妻恩爱之情。寄托美好愿望，充满喜剧色彩。每演至此，男家要亲上戏台，奉上一封礼银，由扮演七仙女的演员接礼，接着，由戏班丑角将象征性的“孩儿”送进洞房，寓意“早生贵子”和祈求得到神灵庇佑等民俗内涵。

如今，在泉州古代家俱遗物还能见到这一戏剧民间信仰的留传。

天送麟儿，是人们的美好愿望。麟儿，作为书面语言使用要优于口头语言。就我而言，我不会选用“麟儿”这词，因为，我更相信教育对成才的作用。

麋鹿角的密码

麋鹿是中国特有的动物也是世界珍稀动物。麋鹿仅雄性具角，且角枝向后分杈，呈多回分支状，形态特征与其他鹿科动物不同。正常的麋鹿角是由前枝主干、后枝主干以及主干上的枝杈、小刺、小瘤等部分组成。麋鹿角具有传奇的自然、文化密码。

倒置麋鹿角

有一年，北京自然博物馆工作人员在馆中整理一批原为清紫禁城收藏的形形色色的各种鹿角。有珊瑚般的驯鹿角、手掌似的驼鹿角、树枝般的马鹿角、矛戟般的梅花鹿角、鸡爪似的白唇鹿角等等。其中有一只与众不同的鹿角引起了工作人员的注意，它没有一般鹿额前用来角斗的眉叉，而呈多回二叉分歧状，角的主干分为前后一样高的两枝，运用民间鉴定麋鹿角的一种方法：将鹿角尖朝下、柄朝上，倒置在地上，“屹立不倒”，从而识别出这是一只麋鹿角。进而发现这只麋鹿角主干的腹面，隐现着一片蝇头似的汉字痕迹。拂拭掉上面的封尘，就露出了嵌涂着石绿的楷书，是一篇题为《麋角解说》的手记，下款署的是：“乾隆三十二年岁在丁亥仲冬月上浣御制”。

物候启示

在远古，人类是以物候的变化，来判断季节的更替。麋鹿，跟别的鹿不一样，麋鹿脱角时间是在冬尽春来的时候。它的角一脱落，就昭示新的植物年开始了，万物呈现生机。所以统治者就把麋鹿脱角的现象视作一个非常吉祥的象征。周文王、周武王的时候，为便利野外观察麋鹿脱角，干脆就把麋鹿给圈到了皇家的苑囿之中，麋鹿，作为苑囿动物，那就开始了，叫“建灵囿，筑灵台”。《礼记· 月令》记载“孟冬，麋角解。”逐渐的它就形成一种仪式化，成了皇权的象征。汉朝的统治者强化皇权，不允许麋鹿生活在民间，只允许它生长在皇家园林里，这样汉朝之前对麋鹿的大肆捕杀使数量直线下降的情势才被控制住。皇家饲养麋鹿，在人工驯养状态下一代一代地繁衍下来，一直到清康熙、乾隆年间，在北京的南海子皇家猎苑内尚有二百多头。这是在中国大地上的人工环境中生活的最后一群麋鹿。

1767 年（乾隆三十二年）冬季，天气渐冷，乾隆从塞外巡狩返驾，照例回到紫禁城中避寒。冬至节二天，御园中已经雪盖冰封，宫殿里的地炉烧得融融如春。换上了狐裘獭领的乾隆，闲中突然想起《礼记· 月令》曾记载“孟冬，麋角解。”可是他狩猎熟悉的“麋”，即驼鹿或驯鹿，都是夏天解角的，从没有见过冬天换角的鹿类啊，会不会是南苑猎苑里豢养的那种叫“麈”的动物呢？为了解开这个疑团，立刻吩咐身边的太监到那里去察看究竟。差去的人果然很快就从南海子捡了一只麋角回来，禀报道：“那里的麈正在掉角，有的一对角全掉了，有的还刚脱落一只角。”乾隆接过一只麋角，不禁感叹道：“唉，古人错把麈当作麋，而朕呢？则更错误，竟然不知道还有冬天掉角的鹿。天下的知识真是无穷无尽，事物就这样不容易摸透啊！”于是，乾隆亲笔写了这篇《麋角解说》，敕刻在捡回的麋角上，以记此事。真是活到老学到老。

青墩麋鹿角刻纹

1899 年（清光绪二十五年），河南安阳小屯村殷墟发现的甲骨文，震惊了中外。殷墟甲骨文是商周时代古人刻在龟甲兽骨上的文字，也叫“契文”“卜辞”“龟甲文字”。然而，青墩遗址的发掘，人们发现，中国还有比殷墟甲骨文更早的文字，而且一早就早了 2000 多年！它就是青墩遗址出土的麋鹿角刻纹。专家对青墩遗址出土的近 20 种 80 多个刻纹进行认真研究后发现：“尽管青墩（麋鹿角）刻纹的笔划平直，没有弧线，没有后世甲骨文的复杂象形，但两者是属同一个体系的。只不过青墩刻纹比甲骨文更原始罢了。”并认为，许多青墩刻纹都可在甲骨文中找到相同的字型，早于目前已知的任何中华文字。珍藏着文字起源地的密码。青墩麋鹿角刻纹中出现的 8 个易卦刻纹（文），这是长江下游新石器时代文化，无论其绝对年代早晚如何，在易卦发展史上应属早期形成，是易卦起源的初始符号，是“东方第一卦”，可以据此探讨易卦起源地点问题。

青墩麋鹿角刻纹的考证分析：刻纹是古人记事、记忆的产物。古人在生产生活活动中，会碰到大量的需要记忆的事情。刻纹是古人计数、分配的产物。刻纹是古人占卜祭祀的产物。刻纹还有卦画。这卦画系用锋利的东西在坚硬的麋鹿角上刻就。众所周知，在五六千年前，古人还没有冶铸的铜铁类刀具，因此这精美的卦画到底用什么东西刻划而成的密码还未解。

镇墓麋鹿角

麋鹿角枝的“镇墓辟邪”密码在楚国。春秋中晚期最早发现的镇墓兽并没有鹿角，楚人崇鹿，将麋鹿角放置在墓中，是因为麋鹿锐利的长角可以降伏和驱赶恶魔。《逸周书》有：“鹿角不解，兵家不藏”，鹿角被认为是兵甲战争的象征。而萨满教的巫师也戴着鹿角神帽，是为了有角便于与恶魔鬼怪作斗争，发挥鹿角的武器作用。麋鹿角因为眉杈发达，更是很早就被看成是防御敌人的有力武器。《史记》有：“多纵禽兽于其中，寇从东方来，令麋鹿触之足矣。”就是用麋鹿角驱赶敌人。《后汉书》记载：“蔡邕《独断》曰：‘冬至阳气始动，夏至阴气始起，麋鹿角解，故寝兵鼓。’”可见，麋鹿角成为战争武备的象征。一方面麋鹿用鹿角触人，团团围成防阵形抵御敌人；另一方面，麋鹿善跑，能把战争的吉凶很快报告，以求得保护。可见鹿角之特性是善守御，能抵御外来侵犯。这种特性正与楚人希望死者安居阴宅不受阴间鬼魅侵害的心理相合拍。巫师将鹿角的特性加以巧妙地利用，移植到镇墓兽的头上，似乎是镇墓兽因此具有了驱赶鬼魅，保护死者形魄的灵性。其二，是因为鹿角能够驱蛇和辟邪。由于麋鹿能吃蛇，是它自然的天敌，其威武的麋鹿角，就当成了抵御恶魔侵略，守护坟墓的代表，安插在了镇墓兽的头上，对这些鬼怪的原型蛇的驱逐和镇压。正是基于以上认识，镇墓兽的麋鹿角很有可能是用以镇墓辟邪。

“麋鹿王”角枝奇特

2011 年 7 月，江苏大丰麋鹿国家级自然保护区科研人员观察发现，野生麋鹿群中，编号为 63 号的雄鹿经过最后两天的厮杀，打败最后一头与它争位的雄性麋鹿，成为连任第二年的鹿王。正常的麋鹿角是由前枝主干、后枝主干以及主干上的枝杈、小刺、小瘤等部分组成。而63号雄鹿的角枝除具有正常的鹿角形态外，它的左角根部还多长出一尺多长的角枝，好似大型食肉动物外露的獠牙，看似一柄锋利的匕首。经科研人员连续观察发现，在一些资历浅、无实战“经验”的雄鹿面前，这个有形的“匕首”就变成了无形的巨大精神压力。这些雄鹿看到63号怪异的角形，往往不寒而栗、望风而逃。而在势均力敌的对手面前，这柄“匕首”并没有成为有力的武器，因为它的长度不足以伤及对手，充其量不过是多余的摆设，甚至还会因此被歧视为异类。实际起绝对作用的还是它已经具备了硕壮的正常角枝、强健的体格和聪明的才智。此后,60多头雌麋鹿都将成为它的“嫔妃”，其它的雄麋鹿都不能染指。

麋鹿鹿王，会披挂上阵，角上卷着草，它的行为叫角饰。就是动物的一种炫耀，大部分动物都有炫耀行为，但是鹿王地位特权远高于其它动物，有鹿王趋向的鹿，也会把那些草叶卷在自己的头角上，披挂上阵，然后在母鹿的面前跑来跑去，显得很威风凛凛，像个大将军，挑衅鹿王。

珍贵药源麋鹿角

麋鹿角一直被我国历代医家沿用两千余年。麋角，始见于《名医别录》，其功能主治历代医药书籍中多有记述。《别录》谓:“麋角味甘，无毒。治痹，止血，益气力。”孟诜曰:“填精益髓，益血脉，暖腰膝，壮阳悦色，疗风气，偏治丈夫。”“滋阴养血，功与茸同。”麋鹿角的传统功效理论基础历来颇有争议，历代医家争论的焦点主要集中于阴阳学说。古代医家虽多认为麋鹿角利在补阴，但各家学说多有不同。“麋角常服，大益阳道。”“角煮胶亦胜白胶。”时珍曰：“鹿之茸角补阳，右肾精气不足者宜之。麋之茸角补阴，左肾血液不足者宜之，此乃千古之微秘，前人方法虽具，而理未发出，故论者纷纭”，亦云“阳盛阴虚者忌之”。《药性切用》云：“能补阳中之阴”。李诞：“先辈云：鹿角补阳，麋角补阴。一云鹿胜麋，一云麋胜鹿。要知麋性与鹿性一同，尽皆甘温补阳之物”。汪银银等根据中医证候学理论，结合现代药理研究，分别采用阴虚证和阳虚证小鼠模型衡量不同模型动物对麋鹿角和鹿角的不同反应。结果发现麋鹿角对于阴虚证的影响较之鹿角更为显著，认为麋鹿角当主治阴分亏虚之证，其功效理论及中医学物质基础应倾向于补阴，兼有一定助阳作用，证实古代医家对于麋角功效的描述具有一定科学性和合理性，但其对于阴阳虚证具有一定交叉作用，效应无绝对界限。麋鹿角入药历史悠久。宋《太平圣惠方》载麋角丸方有五，均以麋角为君药。宋《圣济总录》有麋鹿角霜丸。孙思邈《千金方》收载麋角丸 110 种，言：“麋角丸补心神、安脏腑、填骨髓、理腰脚、能久立、聪耳明目、发白更黑、貌老还少”。其中一方出自《三因方》，“治五痿、皮缓毛瘁、血脉枯槁”；另一方为彭祖麋角丸，“使人丁壮不老，房事不劳损，气力颜色不衰”。《杨氏家藏方》载有鹿麋二至丸，功效“补虚损，生精血，去风湿，壮筋骨”。但其“药性过温，止宜于阳虚寒湿血痹者耳”。

尘封麋鹿角

地处京津唐大城市群中间地带（面向广阔的华北、东北平原）七里海区域的宁河县张广庄出土麋鹿角；江苏省南通、盐城、泰州三市交界处的溱潼境内出土的新石器时代文物、麋鹿角化石；江苏省姜堰市（位于中部，南北分属长江流域和淮河流域），发现有两种麋鹿种群完整的鹿角化石共 7 件，鹿角化石枝干呈树枝状圆形，与现在的麋鹿角相似，根部直径五六厘米，长 20 多厘米，其中有 5 块鹿角化石呈扁平状，分叉处宽七八厘米、厚三四厘米，最长的 40 多厘米；江苏省江淮东部地区高邮市龙虬庄新石器时代聚落遗址出土了麋鹿角；江苏省兴化市林湖乡魏西村发现 5 块麋鹿角化石；地处黄河三角洲南部的山东省东营市广饶县村民挖出麋鹿角化石，其生存年代距今约 2 万年；著名的安阳殷墟遗址里也曾经出土过很多麋鹿的骨角……

正是从这泥藏尘封中发掘到的麋鹿角等，验证了："海陵麋鹿千万成群"的记载。考证了：我国曾经有过 4 种麋鹿。在中国早更新世泥河湾地层中发现的双岔麋鹿被认为是我国麋鹿的祖先类型。古代，麋鹿分布在北界辽宁省康平、南临浙江省余姚、西至山西省襄汾、东达东部沿海和岛屿的广大区域。从旧石器时代起，麋鹿就与我们的祖先发生密切的关系。新石器时代中国大地上北起辽河流域，南至钱塘江畔，西起汾河流，东至滨海地区。还到处奔跑着成群的麋鹿。对研究当地远古时代的气候和地形、地貌特征和现今有效规划实施麋鹿和生物多样性保护提供了依据。

麋鹿角镖戈

回旋镖是一种用木料或兽骨制成的古老的狩猎工具，也叫"飞去来器"。2000 年澳大利亚悉尼奥运会会标中运动员的手臂和双腿的造型由三个回旋镖组成，其内在含义就是澳大利亚的土著民族常用回旋镖狩猎，以此来显示澳大利亚的土著文化。令人惊奇的是，青墩遗址发掘时也出土了 6 件回旋镖，其中 4 件整齐地叠在一起，作为随葬品放在一座墓中；同一墓中还出土骨箭头 13 枚，死者是位成年男性。专家们据此认定“死者一定是一位精明的猎手”。而且青墩出土的回旋镖是用麋鹿犄角制成的，有三个自然分杈，全器一面磨平，另一面保持原来的凸面，3 个端部都磨成了扁刃。其形制特征和澳大利亚土著人用的回旋镖基本相同。有学者分析，海安在远古时代滨江面海，境内河港众多，芦苇丛生，麋鹿、野猪、野鸡成群，是古人猎射的好去处。有史料证明，春秋时期海安及其附近地区即是著名的狩猎场所。考古专家们鉴定，青墩遗址出土的回旋镖属于珍贵文物，在我国尚属首次发现，可确定为六千年前的青墩古人所制造和使用，是目前亚太地区已知最古老的狩猎工具。

1995 年考古发掘时，在仪征市陈集乡丁桥村出土西周中期建筑居址遗迹（遗址呈圆台形）和麋鹿骨戈等文物。

枝尖指向后方

课文《麋鹿》有：“麋鹿的角型是鹿科动物中独一无二的——站着的时候，麋鹿角的各枝尖都指向后方。而其它鹿的角尖都指向前方。”这是什么原因呢？课文没有答案。原来是这样：鹿科动物的犄角有掌状、树枝状，主干向上或向前，分枝多朝前伸展，其作用是抵御敌害和争斗的武器，唯有麋鹿角的分枝朝向后方和朝后侧外伸展，这是与它的栖息环境和性情有关，麋鹿栖息在沼泽地带，那里的大型猛兽较少，而生性胆小的麋鹿在内部争斗时也不象其它鹿科动物那样激烈，且麋鹿角朝后伸展的枝杈有利于缠绕长草，最能表现麋鹿“角饰”这一习性；麋鹿生活在沼泽地，泥中跋涉、水里泳漂是生存本能，分枝朝向后方，重心就往后，漂泳、奔跑、跋涉、迁移、觅食稳健方便，还便于观察旷野。

悠悠鹿皮鼓

2006年，在中国厦门举行的“第四届世界合唱比赛”上，85名光着脚丫、小腿上绑着沙铃、身穿橙黄色鲜艳民族服装的孩子，带着两台牛皮鼓、两台鹿皮鼓，调皮地上了舞台。黑色、白色、棕色，三种不同肤色不同人种的孩子，手牵手，唱起同一首歌。观众席爆发出5次雷鸣般掌声和叫好声。因为“非洲孩子拍起鹿皮鼓歌唱”，清脆的鹿皮鼓和清亮的童声一起飞扬……

远到尼日利亚拉普部落做客，当地黑人天性友善，热情好客，部落酋长还会举行欢迎仪式：人们手拿鹿皮鼓，边敲边用土语唱着迎宾曲。那抑扬顿挫、婉转悠长的歌声，似乎一下把人带回了远古时代。你知道吗？在欧洲、美洲、亚洲的一些民族中，也有着悠久悠扬的鹿皮鼓。

萨米人的鹿皮鼓

号称“欧洲最后一块原始保留区”包括挪威、瑞典和芬兰境内北极圈以北的地区，至今生活着欧洲最古老民族萨米人，黑头发、棕色眼珠、体态结实、脾气暴躁的那一支，数千年来，追逐着驯鹿放牧，打着鹿皮鼓歌舞，醉酒狂欢，一直至今。

游客们转了几趟飞机乘着客车进入拉普兰腹地，主要也是为了听听萨米人的鹿皮鼓表演。当帐篷中央的火堆亮堂起来之后，火堆上方是帐篷的天窗，烟灰只通天空。女主人出现在鹿皮鼓之后，她出其不意地挥出了孔武有力的手臂，第一声的鼓响就吓得人一个激灵，这种声音是从未听到过的沉闷和响亮的结合。随着一连串的鼓声，她嘹亮的歌声在皮质的穹顶间回啭："咳哟来呀来洛啦……" 从她肃穆的神情中，立即能明白她在讲述她族人在困苦中的奋斗历程。咚咚的鼓声敲击着心房，她胸腔里鼓出的气流在圆帐篷里迅速扩散，不到 20 秒，便会被她强大的声线和密集的鼓声所掌控。

一曲终了，男主人会讲起鹿皮鼓传女不传男："这口鹿皮鼓是我妻子从她的母亲那里继承下来的，而她的母亲也是从外祖母那里得到的，是外祖母的嫁妆。做一口这样的鼓不容易，只要还能用就代代相传，只传给女儿。可如今，我们的女儿她的歌唱和击鼓技艺远远不及她的母亲。" 接下来的歌声和鹿皮鼓声都活泼了许多，女主人她严峻的脸上笑容始露，她柔和的声音在娓娓讲述她快乐的生活和爱情……

印第安人用鹿皮鼓

有记载，当年美洲的原住民印第安人部落联盟的首领与英属地区政府达成不再侵占原住民领地、不再进行欺诈性的不平等贸易后，印第安人立即围绕在篝火旁开怀畅饮，酒至酣处便举起火把，敲响鹿皮鼓，载歌载舞地狂欢起来。他们拼命扭动着身躯，做出一系列复杂而富有战斗气息的动作，并发出节奏感极强的吟唱。

印第安人部落出征时，他们先搬出一只鹿皮鼓，清理出一片空地，在中间点燃了篝火。武士们各就各位后，一位领袖站出来演讲，言辞中颂扬了武士们的功绩，并鼓励他们夺取胜利。而后才出发。

在加拿大温哥华的印第安人后代伊恩·坎贝尔先生的会议室，墙上挂着鹿皮鼓、斯夸米什艺术家的画作、传统的木雕图腾等饰物；桌上摆放的，则是麦克风、投影仪器等现代科技工具，以及饮水机、咖啡壶、果盘等。这间会议室是一个民族传统与现代文明的结合物。

有一幅让我记忆犹新的联合国宣传照片，是两名十七岁的海尔楚克族少女在卡尔弗特岛上保护古垃圾堆的柏木图腾前敲击鹿皮鼓。用以诠释："人人对社会负有义务，因为只有在社会中他的个性才可能得到自由和充分的发展"。这"鹿皮鼓"超越了美洲。

美国精神病学家沃尔夫·G·吉莱克在从事萨利士印第安人萨满精灵舞疗效研究而从击鹿皮鼓实验中发现，在萨满成巫仪式程序中，萨利士人的鹿皮鼓每秒钟被有力地敲击 4 ~ 7 次。他注意到这属于脑电波频率范围，只要掌握适当的技巧和训练，就能够达到萨满使用致幻药所能达到的境地。而一种平稳的、单调的打击声音，大约每秒钟 3 ~ 6 次的频率是导致出神状态最有效的范围。可运用于心理治疗。

黎族鹿皮鼓舞

中国海南黎族的鹿皮鼓舞很有特色，它是用一截 70 公分长，80 ~ 100 公分大的榕树干经掏空树干肚后，用鹿皮将一端密封成为鹿皮鼓。比较大的黎村都备有鹿皮鼓。村中召集众人议事时，由村中长老（奥雅）敲鹿皮鼓为信号。当年收成好，获得丰收时节，村中有心思的老艺人用鹿皮鼓当作乐器，组织青年男女围着鹿皮鼓跳起欢乐的动作，通解形成鹿皮鼓舞。黎语叫"阵浪"。跳鹿皮鼓舞，领者双手拿两支杖锤，领着 10 名青年男女围着鹿皮鼓起舞，跳一个动作打一下鼓，达到高潮时，众人轮番打鼓，村中长老捧出山兰米酒在旁边边玩边饮，鼓声和吆喝声响成一片，欢庆丰收的场面非常热闹。

全国最大的海南黄花梨鹿皮木鼓价值百万元。鼓面是一张精致的纯鹿皮，正中央处已经被磨成光溜溜的平面。支撑鼓面的是一块完整的海南黄花梨木，没有一处拼接，这只海南黄花梨木鼓直径 40 厘米，由于是农户自己制作的，虽显粗糙，但也保留了不少原汁原味的东西，在鼓的两侧还有两只鹿角作为鼓坠子，这在全国是少有。当年，海南省人民政府行文保亭黎族苗族自治县博物馆向省博物馆调拨的鹿皮鼓的长 56 厘米直径 30 厘米。鹿皮鼓古名也叫“大皮鼓”。黎语称“根龙”，黎族传统打击乐器。用一段粗大的圆木挖空为鼓身，两端蒙牛皮或鹿皮，鼓高约 100 厘米，鼓面直径约 35 厘米，中间大两头稍小。有的大皮鼓的鼓身和鼓面还绘有动物纹和人形纹。大皮鼓常用于娱乐、传信、祭祀等活动。宋代周去非《岭外代答》:“亲故聚会，椎鼓歌舞”。这说明至少自宋代起，大皮鼓就一直在黎族地区流行。

萨满神鼓（鹿皮鼓）

鼓是萨满获得灵感和力量并得以与神灵沟通的媒介。萨满通过鼓语实现人与神的对话，这种被常人视为虚拟的语境，不仅成为罩在萨满头上的神秘光环，而且为萨满信仰者创造了一个独特、神秘的话语系统，成为他们举行复杂萨满跳神仪式所必需并且能够使受众通晓的思维表达方式。鄂伦春族猎民制作的萨满神鼓构成：鼓面狍皮，鼓面上绘制日、月、星、辰，彩虹，山和树，熊、鹿等动物。鼓圈木制，圆形或椭圆形。鼓绳多为狍皮条。干的狍茸角为鼓棒。

古代赫哲人对生活祈祷祝愿的萨满舞：数名身体强悍的赫哲男子，穿着样式奇特的巫师服装，头戴鹿角帽，手拿鹿皮鼓，在昂扬激越的鼓点伴奏下翩翩起舞。他们的表演惟妙惟肖，舞姿刚劲有力，旋转奔跑，系在腰间的一圈腰铃随着舞步节奏的加快，不断发出清脆的响声，强烈震撼。赫哲族民俗中有：烤上达勒格切（燎烧鱼片），摆上最好的酒肉，扭动腰铃，敲起鹿皮鼓，敬奉着帮助他们的各路神灵。

世界的鹿皮鼓丰富多姿，有似桶型，有如砧板似，有团扇面样，有摆鼓式，她，悠久悠扬……

民国老照片：全家福禄寿

全家福，全家人的合影，全家大小合拍的相片。如今，每家每户只要全家大小齐聚，想怎么拍、何时拍、去哪拍，都很方便。而在清朝末民国初，那一开头是稀奇的事，后来可是奢华的事了哟！

1839 年，摄影术在法国正式诞生。不久，第一次鸦片战争爆发。1842 年，中英签订不平等的《南京条约》，中国向外国开放五个通商口岸。随后，大批商人、传教士来到中国，摄影术也在十九世纪四十年代传入中国的香港、广州等地。清朝咸丰年间（1851—1861）在香港合伙经营油画业的画师周森峰、张老秋、谢芬三人，合资请当地外国兵营中的一个会摄影的人传授摄影术，学成后置办器材，增加了照相业务，同时还兼营画像。他们店名叫“宜昌”画楼，这是中国人最早开设的照相馆之一。到了 19 世纪七十年代到八十年代，随着摄影技术的发展，在东南沿海的广州、福州、厦门、上海等地，照相馆蓬勃发展。早期的照相使用的绝大部分是玻璃底片（湿片），必须利用太阳光，得在天气晴朗的时候拍摄，以充分采光。拍照时，摄影师敲一下木板子（据说“拍照”两字由此而来）大喊一声，打开镜头盖，然后“1、2、3……”数下去，数到“9、10”个字，甚至数到“20”个字，才算大功告成。直到 20 世纪二十年代，照相才用上了人造光，很多照相楼开始了“日夜照相”。

鲁迅的杂文《论照相之类》，较详细地记述了19世纪末照相馆的常用道具、拍摄习惯与忌讳。鲁迅提到对照相，民间可细分为态度不太相同的三种社群：一是绍兴城‘大大小小男男女女’，给摄影编造怪谈的迷信者，另一种同样是绍兴城的当中一些以摄影肯定自身地位的阔人，而后一种是在北京，出现了喜爱精致艺术的好古雅士，利用摄影来服务艺术。对“阔人”，鲁迅写道“至于贵人富户，则因为属于呆鸟一类，所以决计想不出如此雅致的花样来，即有特别举动，至多也不过自己坐在中间，膝下排列着他的一百个儿子，一千个孙子和一万个曾孙（下略）照一张‘全家福’。”

我手头有一张（尺寸为宽14厘米、长19厘米）民国老照片：全家福。它不只是反映当时现实的镜子，它描写的是什么样的世界？一起来研读吧。

这张照片拍照于冬尽春来的北方的室外屋墙边，洋楼、小树的背景布帘就挂附在屋墙上，其它拍照道具，显然是从这家人屋里搬来的：八仙桌包围上鹿、鹤纹织锦布，桌上那座钟时间指向九点半，一把壶置于中间，两边一对观音瓶。想象和欲望，也充满在这张照片里。这拍照是仪式，原本写实的照片里也连带注入了儒、释、道，有福（壶）、禄（鹿）、寿（鹤），有平安（观音瓶），有早晨朝气，全家人是“长尊有序”，丈夫坐右大位，妻子坐在左次位，长子中位靠父亲而站立，次子坐在母亲怀中，两位妾则挽着围巾立在两边侧，男人没了辫子，女人没盘头了但裹脚仍然可见。一张生活还算殷实人家的全家福，就象在老北京四合院堂屋拍照的场景。相片中人的眼神仿佛是在说：“民国了！”充满着希望。

好一张“全家福禄寿”，相片的自我描写，是原来相片中人以此为由而建立了自己想要的形象（平安、俨然、雅致、富贵），配上照片里恭敬布置的排场，让我们看到：摄影这个会“摄魂”的怪物来到了中国，在当时已经被新旧并存的传统、思想所驯服，忠实地映照出种种事迹，留给后人去解读。

白鹿原，白鹿原…

白鹿原，闻名遐尔。白鹿原，有这个地方，不是虚构，这是一个厚实、深情而神秘的地方。陈忠实酝酿了 40 年写出的处女作《白鹿原》，就是依据 20 世纪前半叶的陕西白鹿原为背景，写作时的他还就是关闭在白鹿原。《白鹿原》是 20 世纪末中国长篇小说创作的重要收获，它反映了那一时期小说艺术所达到的最高水平。获第四届茅盾文学奖、《人民文学》出版社 1999 年评选为“华人百年百部文学作品第一名”。长篇巨著《白鹿原》，细腻地反映数十年时代变迁中白姓和鹿姓，这两大家族祖孙三代的恩怨纷争。拿在手中的那份沉重，有多难的民族历史内涵，有令人震撼的真实感和浓烈的史诗风格。故事基本上只是围绕人物的行为去叙述，没有着意于氛围的渲染，甚至舍弃了环境的细节描写。从最开头就重笔的描写、最富细节的描写、最有争议而又最拥有读者的描写，还是两性的描写。不管著作者是什么意图，不管读者是什么用心、什么眼光，生活中是有机会还是没能力接触两性交流，着实让读者不需遮掩地、不限次数地、不分男女地、不论年龄地、不同程度地启蒙或丰富了两性知识和情趣！令人遗憾的是：怀古抚今、溯流上下来探秘这白鹿原上厚土尘封着的民族秘史，单是抱着《白鹿原》这大部头，还是单薄。

《白鹿原》描写白鹿的传说虽然就几行字，但融入了世代庄稼人的期盼。第 28 页倒数第 12 行写道："很古很古的时候（传说似乎都不注重年代的准确性），这原上出现过一只白色的鹿，白毛白腿白蹄，那鹿角更是莹亮剔透的白。白鹿跳跳蹦蹦像跑着又像飘着从东原向西原跑去，倏忽之间就消失了。庄稼汉们猛然发现白鹿飘过以后麦苗忽地蹿高了，黄不拉几的弱苗子变成黑油油的绿苗子，整个原上和河川里全是一色绿的麦苗。白鹿跑过以后，有人在田坎间发现了僵死的狼，奄奄一息的狐狸，阴沟湿地里死成一堆的癞蛤蟆，一切毒虫害兽全都悄然毙命了。更使人惊奇不已的是，有人突然发现瘫痪在炕的老娘正潇洒地捉着擀杖在案上擀面片，半世瞎眼的老汉睁着光亮亮的眼睛端看筛子拣取麦子里混杂的沙粒，秃子老二的瘌痢头上长出了黑乌乌的头发，歪嘴斜眼的丑女儿变得鲜若桃花……这就是白鹿原。"好一幅美妙的太平盛世白鹿图啊！

白鹿原，这地名来源有两种传说，一为周平王迁都洛阳之时，见白鹿游于其上。另一种传说汉朝时获白鹿于其上。白鹿为瑞兽灵物，可见白鹿原一名之灵。如今原上仍有许多和白鹿相关的村庄（神鹿坊、麋鹿、白鹿等村）。白鹿原古称首阳山在《三铺黄图》中载有黄帝铸鼎于首阳山。商周之际有高士伯夷、叔齐、叩谏武王而不得隐于此，耻食周粟，采薇而食，终老于此。《论语》和《史记》中孔子、太史公是备加赞赏，赞誉为"仁人志士"直到今白鹿原上仍然有伯坊村（今长安区炮里伯坊村）为伯夷坊设有庙祭祀。鲸鱼湖在早称伯夷湖。秦二世曾修行宫于白鹿原畔，产水岸上二圣宫（今长安区鸣犊二圣宫村为旧址）楚汉相争之时高祖初入关中，驻军于此（《史记》中霸上）并由此赴鸿门宴，从原北坡下马度王村（今霸桥区席王街办马度王村）过霸水而归。汉文帝、汉景帝尝偕大臣常游猎于原上。汉文帝与其母薄太后，其妻窦太后长眠于白鹿原上。汉文帝陵为霸陵。白鹿原又名霸陵原。汉景帝三年（公元前 160 年）大将军周亚夫领大军从白鹿原出发，平定七国叛乱。汉武帝建鼎湖宫于原上，改伯夷湖为鼎湖，守卫鼎湖宫部队为长水校尉，汉武帝晚年曾修养于此。东晋永和十一年（公元 344 年）东晋桓温领大军与苻秦军队战于白鹿原。北海名士王猛以布衣至桓温营中，一面谈当世之事，一面扪虱而言旁若无人，传为佳话。东晋义熙十四年（公元 418 年）夏国匈奴首领赫连勃勃攻陷长安，在白鹿原上筑坛祭天登皇帝位。唐时开国功臣郧国公殷开山，在鼎湖岸修建郧庄，湖池桥亭，楼阁相叠。当时谚云“上有天堂，下有郧庄”足见当时之盛景。五代时后秦主姚苌改长水为荆谷，荆峪湖后谐音为鲸鱼湖，鲸鱼沟。宋时大将狄青驻军于原上（今狄寨镇），人们又称白鹿原为狄寨原。金代的军旅诗人王渥也产生了“官家后日铸五兵，便拟买牛耕白鹿”的想法。明代陕西提学副使敖英曾作《鹿原秋霁》诗曰：“雨过梧桐夜气清，隔林双鸟说秋晴，云收秦岭撑重碧，风动荞花弄月明；白鹿何年呈上瑞，丰原长岁获两成；菊英满泛新醅绿，对酌斜阳颂太平”，形容了金秋时节白鹿原的丰饶景象。明末白鹿原上出了一位至今令人传颂却又难尽其美的英雄——大将刘宗敏，随着闯王东战西杀屡立战功，最后恃功自傲、功亏一篑，使后人叹息不已。追至清末白鹿原上又出了一位令人们顶礼膜拜，流传故事不可胜记的关学传人——蓝川先生，牛兆濂，牛才子，更增加了白鹿原的神秘感。时至今日白鹿原上下，当人们提及牛才子时仍有许多令人动听的轶文故事。《白鹿原》中的白鹿书院山长朱先生是有生活原型的，就是清末举人、著述甚丰的学人、影响很大的蓝田人牛兆濂。

白鹿原，古名“长寿山”“霸上”，为中更新世纪时期流水和狂风等自然力量经过几百万年长期作用而沉淀所形成的土状堆积形……秦汉时期，白鹿原地处京畿，为“上林苑”一部分，相传，秦代赵高“指鹿为马”的典故中指的鹿，就是从白鹿原上捕获的。

自从公元前770年，周平王在当时俗称长寿山的白鹿原游猎时发现白鹿后，白鹿原和白鹿在中国传统文化中占据了十分重要的“意识形态”领域。早在公元291年，也就是西晋永平元年，白鹿原就修建了圣寿寺（亦名杨孔寺），不完全统计，白鹿原先后建立寺、观七十多所。白鹿原文化积淀丰厚，大唐盛世著名诗人王维、李白、白居易、杜牧等近40人在白鹿原留有足迹和诗篇，从公元前770年起，据史料记载周平王、秦始皇、汉武帝、唐高祖、唐高宗等数十位帝王在白鹿原巡游狩猎，休闲养生。历史上，白鹿原曾先后两次建立过“白鹿县”。在西安建都的历代王朝，都把白鹿原视为吉祥的风水宝地和郊游狩猎的御园。

白鹿原在哪呢？位于今西安市东南10公里，处于灞河和浐河之间，南北宽10公里，东西长约25公里，平均海拔600米，白鹿原分属西安市的二区一县，即长安区、灞桥区、蓝田县。今天，白鹿原已是真实的一幅美妙的太平盛世白鹿图……

向博物馆租借鹿皮罩衫

今年6月9日是我国第七个“文化遗产日”，除“活态传承重在落实”的活动主题词句外，还见到一些颇有新意的词句：“买得起艺术节”“让设计成为最好的生意”“时尚话语权”“舌尖经济”“正能量”“非遗让生活更多彩”……

我想出这句：“向博物馆租借鹿皮罩衫”。不是我的标新立异，而是，“活态传承重在落实”这一主题和发生在美国国立印第安人博物馆的一件事，让我想发言的。

美国国立印第安人博物馆，位于华盛顿市中心，于2004年向公众开放。馆中藏品共8000余件，包括印第安绘画、雕塑、陶器、服饰等，大部分藏品来自24个不同的印第安部落，该馆现已成为华盛顿博物馆区的重要组成部分。参观者走进博物馆，就能感受到扑面而来的印第安风情。馆内散布着印第安保留区的“森林”“湿地”“草场”和“传统种植区”，在博物馆的餐厅中，游客可以充分享受原汁原味的印第安食物，连最普通的咖啡，也是用仿制印第安陶罐的容器盛装的，让人无时无刻不置身于印第安文化历史中。

不仅如此，参观者还可以向博物馆租借展品。据了解，曾有一位来自加利福尼亚的印第安人，在这里发现了一件罕见的鹿皮罩衫，这种罩衫是某个印第安部落一种古老的祭祀服饰，且失传已久。为了让更多的人能够重温印第安传统文化，这位游客向博物馆提出租借这件罩衫的请求，而博物馆在了解情况后，立即与他签订了租借协议。

“活态传承重在落实”，美国国立印第安人博物馆的做法，给我耳目一新的就是“参观者还可以向博物馆租借展品”。我与人聊到此事，没有一位认为在我国个人要“向博物馆借鹿皮罩衫”能实现，我细考虑后则认为未必如此。在中国，免费的博物馆越来越多了，“不许拍照”的博物馆越来越少了。这本质是管理者对博物馆功能认识的进步，是对文化保护与传承并举认识的提升。“活态传承”作为一个主题的提出，应该就是信号：“向博物馆租借鹿皮罩衫”这类事儿，只是技术问题，不是有认识障碍。“重在落实”，也提示了文化保护与传承并举，要研究解决的技术问题的重要性、艰巨性。

传统很近，传统文化很近，不能靠人人向博物馆租借藏品，也不能靠博物馆的藏品都开放租借。但是，当创意者能“向博物馆租借”，而在没有“玻璃罩”的内容原型面前“把玩”“琢磨”“感悟”……加入想象力，将其开发成为受欢迎的产品，就能更加扎实地实现：传统很近……

四个部落争一只狍子

传说，很久以前长白山一带有三个姓氏的部落，分住在东、西、南部，为称首争雄，摩擦日深，动不动武力相见。一场接着一场的互相争斗，男士流血丧命，妇孺流离失所，都过着食不裹腹、衣不遮体的生活。

有一次，为了在狩猎中争夺一只狍子，东、西两个部落便厮杀起来，从小股格斗，最后是倾巢出击，直打得天昏地暗，日月无光。于是南部落出面调停，几经斡旋，东、西两个部落厮杀平息了，只好把猎获的这一只狍子拱手送给了调停有功的南部落。南部落毫不推辞、一毫不留、兴高采烈地抬走狍子之后，东、西两个部落才醒悟、后悔，“鹬蚌相争渔翁得利”，双方白白争斗一场，损伤无处补偿，猎物又一无所得，唯有南部落得利！于是，双方决定联合起来攻打原来认为“调停有功”的南部落。

南部落认为东、西两个部落背信弃义，激发、动员了全部落人马磨刀霍霍准备迎战。南部落是东、西、南三个部落中，力量最弱的一个部落，以往在争斗中，总是被联合的对象，并常是靠以智斗勇，才偏安一偶。这次调停东、西两个部落的纠纷，本想得点小利又让表面平息的两部落结怨更深，自己暂安，没想到东、西两个部落联合前来讨伐。面对抵抗便会灭亡的南部落，主意已定，头领带着全部落的人，抬着那一只狍子，唱着歌，向东、西两个部落走来。

南部落头领，先向东、西两个部落头领请安，又近前相抱。见过礼后，南部落头领又命人抬上狍子，叙说了自己认识到：不该在调停中挑唆结仇，更不该收受这份不是自己的猎物，愿交还，并盟誓永远与各部落和好。东、西两个部落头领被这诚挚的行为、善良的用心所感动，也检讨了本部落的好争恶习后，三个部落头领歃血盟誓永和。三个部落人，分截所获的狍子肉共享，东部落头领说：狍子射猎于西部落领地由西部落头领决定分配；西部落头领说：狍子是东部落人射猎的，而南部落调停了东、西两个部落的厮杀，这样分吧，西部落得头、角、肉共得十分之三，东部落得两腿、肉共得十分之五，南部落得两腿、肉共得十分之二，但今后入它部落领地射猎应先征得它部落许可！东、西、南三个部落，一致认可，欢呼雀跃。

距离较远处的一个更强大的部落是以熊为图腾的熊部落，原准备借东、西、南三个部落的不和，这次来个“螳螂捕食黄雀在后”个个吞并，屯兵二里外，见三个部落人，欢呼雀跃，联合执戈以待。熊部落胆怯了，回窜了。

四个部落都亲身体验到和内睦邻、联合协力的力量强大和重要。部落如此，家庭、民族、国家，又何尝不是如此?

鹿鸣山《天问》

屈原(约公元前340年~约公元前278年)生活在战国时期的楚国，1953年被世界和平理事会推选为世界文化名人，是我国已知最早的著名诗人，还是一位伟大的政治家。在湖南溆浦广泛流传着关于屈原的故事。

在溆浦的溆水岸边有一座小山，叫鹿鸣山。相传，屈原第二次被流放（公元前296年，也就他44岁时开始被流放）的20年间，曾在这里住过一段时间。每到夜晚，他总是抚动古琴寄托心声，当地的百姓一传十、十传百，常常围聚到他的住处周边，陪着他随琴声高兴，陪着他的琴声流泪。忧伤的曲子，寄托着他怀才不遇的忧愁，弹着弹着，有一天，窗外竟传来一阵阵梅花鹿的哀鸣。从此往后，这山上的鹿也象老百姓一样，常常晚上来聆听屈原弹琴，也陪着他高兴，陪着他流泪。不久，瘴气流行，屈原和百姓都染上了瘟疫。屈原躺在床上，想到昏君误国，民不聊生，不禁老泪纵横。突然，一阵幽香扑鼻而来，他顿觉舒服了许多。一群鹿嘴里衔着带露的兰草，来到了茅屋。一头老鹿还跪在地上，把犄角伸进屈原的嘴里，不一会儿，屈原就觉得周身舒泰，病也就全好了。他望着这一群鹿，心里感激不尽，但心里惦记着生病的百姓，还是心神不宁。鹿们好象是明白了屈原的心思，纷纷跳下河，一边将犄角在河边的石头上磨，一边望着屈原叫。于是屈原就舀起鹿茸水，给一家一家送去，大家喝了鹿茸水，很快就好了。后来，屈原离开溆浦的时候，百姓们相约送行，恸哭不已。这山上的鹿也都一只一只来到路边，含泪齐鸣。这就是记载于《溆浦县志》上的关于“鹿鸣山”的传说。

屈原就是这样热爱故土，更热爱故土的人民，同情他们，关心他们的命运，与他们息息相关。而且在他的诗歌当中，他常常写到“民”，写到“百姓”这两个词，他深深地怀着忧国忧民的思想，他不愧为一位伟大的人民的诗人。

在溆浦这个古老、神奇的地方，屈原一共生活了八、九年，从他自己的《离骚》《九章》《九歌》和《史记》的记载，发现屈原在这里传播抗秦思想和梳理自己的思想，收集溆浦民俗风情，创作出了《涉江》《离骚》《天问》《山鬼》《橘颂》等脍炙人口的诗篇。“愤怒出诗人”。屈原到了溆浦之后，越来越清楚地知道楚国因为没有推行自己的“美政”(屈原的“美政”理想主要内容是明君贤臣共兴楚国。国君首先应该是具有高尚的品德，才能享有国家。其次，应该选贤任能，罢黜奸佞。另外，修明法度。)而一步步走向衰亡，他愤怒至极，创作《天问》。屈原对楚王昏庸无道的作为感到痛心、伤心，也极度地感到自己的无能为力，他从溆浦这块土地吸取了营养和力量，溆浦民间传统有：当你对一个事儿无能为力时，就只有去“问天”或是“喊天”。屈原《天问》的创作原动力实际上就是这么一个思想基础，体现的就是屈原的无奈和无畏。《天问》全诗 373 句，1560 字，多为四言，兼有三言、五言、六言、七言，偶有八言，起伏跌宕，错落有致。该作品全文自始至终，完全以问句构成，一口气对天、对地、对自然、对社会、对历史、对人生提出 173 个问题，被誉为是“千古万古至奇之作”。说它奇，不仅由于艺术的表现形式不同于屈原的其他作品，更主要的是从作品的构思到作品所表现出来的作者思想的“奇”！全诗表现了作者渊博的学识、深沉的思考和丰富的想象，反映了他大胆怀疑和批判的精神。

咏唱到:“撰体胁鹿，何以膺之？”和“惊女采薇，鹿何祐？”……我们今天仿佛能看到：残月微光下，长得非常清瘦，但颇有精神的屈原，切云高冠，挂着长剑，立于鹿鸣山上仰首《天问》……

公元前278年，屈原听到郢都被秦攻破，顷襄王出逃陈城，极为悲痛，于农历五月初五投汨罗江殉国。溆浦百姓是农历五月十五才听到屈原投江殉国的消息，于是，便划着船将食物丢入河中，好让鱼儿吃饱了，不要再去啃咬屈原。这就是溆浦百姓在农历五月十五划龙舟、包粽子过端午节的来历。

回归自然《麋鹿吟》

《麋鹿吟》诗集，创作在大丰麋鹿自然保护区。大丰麋鹿自然保护区位于江苏省大丰市境内，面积 3000 公顷，1986 年建为省级自然保护区，首批引种 39 头麋鹿，经过 10 年的科学探索、不懈努力，使麋鹿种群发展到 268 头。1997 年晋升为国家级自然保护区，主要保护对象为麋鹿及其生态环境。1989 年大丰县诗画社发起“麋鹿吟”征诗活动，90 岁高龄的著名词人周梦庄等 84 位诗友诗文入选编入冯其庸题字的《大丰诗草·麋鹿吟》。20 年后的今天重又赏读，我首先推崇“诗章编排以来稿先后为序”，诗友平等的意识。

《大丰诗草·麋鹿吟》，百篇吟麋鹿的诗词，我倾心推崇回归自然的写实。她是诗人观察麋鹿回归自然的心灵感应。

“鹿场远望海滩头，天气散温和。渺荒芜低隰，朝阳普照，疑卧明驼。”（周梦庄）词句，真是一幅大自然的美景！在鹿场（大丰麋鹿自然保护区），远眺黄海之滨的湿地滩涂，海天相接，盐蒿遍野，芦苇遮天，朝阳普照，是太平洋西岸古生境保护最完好的半原始湿地。在这片亚洲东方的净土上，生物多样性十分丰富，自由栖息着麋鹿，自由地象善走的骆驼“腹不贴地，屈足漏明，则行千里”。

“一塔岿峨树，麋群股掌间。”（张炎）诗句，“放眼川原云影里，蹄群出没野苍茫。”（刘云）诗句，这是两个视角的自然景象，但都描述了大丰麋鹿自然保护区刚设立两年多，麋鹿还很少，还没达到西晋张华《博物志》载:“海陵县多麋”的盛况。在八层暸望塔上俯视麋鹿群，就如股掌间一撮；在地面平视，麋鹿群象走在云里，时隐时现，常常是“苍茫”无影。

“菰蒲丰茂充驴腹，湖沼晶莹照鹿犄；”（王海晨）诗句，“菰蒲”是实指麋鹿的天然食物，不是借指湖泽（苏轼《夜泛西湖》诗：“菰蒲无边水茫茫”中“菰蒲”是借指湖泽）。菰、蒲都是多年生草本植物。菰，生在浅水里（嫩茎称“茭白”“蒋”，可做蔬菜。果实称“菰米”，“雕胡米”可煮食）。蒲，生池沼中（高近两米。根茎长在泥里，可食，叶长而尖）。“驴腹”指麋鹿腹胃，有麋鹿身似驴说。“鹿犄”即麋鹿的大角冠。这诗句给人的是丰美自然，水草肥美，湖沼阔美，鹿角硕美的描述。食和饮的麋鹿构成灵动的自然丰美。

“树深百里境恬幽，麋鹿溪边喜逗留。草地相逢多戏谑，林间角逐只追求。”（高寿炎）诗句，这是一段麋鹿“桃花源”生息小品。

“多年匿迹更销声，今又呦呦听乐鸣。”（周前）诗句，“欢鸣呦呦饮江淮，水甘草肥充荒腹。”（王庆农）诗句，“自在呦呦绿野中，滩涂辽阔任西东。”诗句,“麋鹿遥闻客至，奔来奔去从容”（高寿炎）词句，这是人与麋鹿的声乐交流。“今又呦呦听乐鸣”，人听到了麋鹿回归自然的实声实景；“欢鸣呦呦饮江淮”，人听到了麋鹿回归自然那开阔丰美的原野；“麋鹿遥闻客至”，麋鹿听到了现代人类保护环境、保护麋鹿的心声。

“马头远瞩牛蹄劲，鹿角横斜驴背躬。”（李金和）诗句，“频举高蹄驰广野，常凭麟角逞雄风”（唐海秋）对句，这是诗人生活观察后给麋鹿的诗画像。让我们从诗中，完整读到也更加便于记忆麋鹿的特征。

生活是诗情的源泉，当麋鹿回归自然，又让诗人能实地观察，这创作的诗意，不但真切而且醇美。

“麒麟童”周信芳

上海的老京剧票友有句老话“站在上海京剧舞台上，五十年如一日，麒麟童一个而已。”说的是京剧艺术大师周信芳在上海京剧界的地位，周信芳 7 岁登台演出，起艺名“七龄童”，而 22 岁时，“麒麟童”，这艺名已传遍全国，无论哪个码头或哪座戏院，他都是以头牌角儿的身份登台。“麒麟童”这艺名是如何得来呢？

那是在清朝光绪三十一年（1905 年），11 岁的“七龄童”头一回跟班到上海演出，在丹桂第一台唱头牌须生。演出头场，前台照例贴海报，请来北京人客居上海的书法快手王先生写海报，前台管事的唱艺名“七龄童”（“七”字音拖而“龄”字短促），老先生听成“麒麟童”，也暗自欣赏艺名“麒麟童”绝妙，大笔一挥，快意书就。海报贴出，后台正忙演出开锣，班子里识字的也没人注意。

第二天，《申报》和《时报》上都以“麒麟童”昨夜丹桂第一台亮相为报道新闻点，见报后，班主才知道海报上艺名弄错了，王老先生婉拒重写海报，只好另请笔者更新了海报。可到了晚上演出开锣时，有不少观众到了戏院门前却不肯进了，大声说：我们特地赶来看“麒麟童”而不是看“七龄童”的，有的还要退票。班主赶快又用上王老先生昨日写的海报，将错就错。吉名，加上好艺，几天下来场场爆满。

班主、戏院老板也都是圈内人，都悟到也夸这艺名够周信芳用一辈子。班主特意带上周信芳到王老先生家里，去点大红蜡烛叩头感谢。

王老先生是“七七事变”那年去世的，那时他快 90 岁了，两眼都瞎了，可少不了听“麒麟童”演出灌制的唱片,《四进士》《徐策跑城》《坐楼杀惜》《天雷报》《萧何月下追韩信》……他临终时，交代家人，要转告“麒麟童”说“他没有辜负这艺名。”

是啊！“他没有辜负这艺名”。如果说梅兰芳京剧艺术特点在秀美，那周信芳京剧艺术特点在壮美。“麒麟童”这光辉的艺术形象屹立于京剧艺术的舞台之巅，很重要的在于他在国难当头、民族危亡时艰的挺身而出。《周信芳大事年表》有：

1913 年，18 岁。为揭露袁世凯罪恶行径，编演时装新戏《宋教仁遇害》。

1915 年，20 岁。为谴责袁世凯称帝，自编自演《王莽篡位》。

1919 年，24 岁。“五四运动”爆发后，5 月 21 日编演新戏《学拳打金刚》。

1923 年,28 岁。为纪念和声援“二七”大罢工，编演《陈胜吴广》。

1931 年,36 岁。“九一八事变”爆发，与王芸芳排演连台本戏《满清三百年》，其中有《明末遗恨》。

……

《许田射鹿》及其他

我最近翻到收藏的京剧大师周信芳（麒麟童）的手写文稿《汪笑侬先生轶事》，读到了这小段细节，1917 年（民国六年）汪笑侬（仰天）与周信芳的老师王鸿寿（三麻子）在上海福州路丹桂第一台合排《许田射鹿》，汪笑侬饰吉平、弥衡。

吉平是明代罗贯中所著小说《三国演义》中的人物，本名吉太，字称平，为汉朝的太医。董承受献帝衣带诏，与吉平等人共谋，欲杀曹操，吉平本欲趁为曹操治病之际投毒杀之，但却因机事不密而被曹操得知，吉平被擒并施以酷刑，最终不屈自尽，成为小说中“忠义”的典型代表。据考，小说中吉平的历史原型为东汉末年太医令吉本。

弥（祢）衡（173–198 年）字正平，平原郡（今山东临邑）人（《山东通志》载弥衡为今乐陵人）。东汉末年名士，文学家。与孔融等人亲善。孔融便向汉献帝上表举荐了弥衡。弥衡第一次见曹操，因出言不逊触怒曹操，曹操就让弥衡当鼓吏，其实是难为他，因为击鼓的都是父传子，代代传下来的，都要击出曲牌来。不想弥衡却打出一首“渔阳惨状”，让文武群臣都不禁落泪。

我查阅了 1959 年上海市传统剧目编辑委员会编《许田射鹿》（产保福藏本）和 1962 年北京市戏曲编导委员会编《许田射鹿》（马连良

藏本)，发现所编剧本都没有了吉平、弥衡的戏。

“许田射鹿”剧情概要是：东汉建安三年（公元 198 年）曹操东征徐州，白门楼斩吕布后，刘备、关羽、张飞投奔曹营，汉献帝认刘备为叔，遂拜其为左将军，封宜城亭侯。谋士荀对曹操说：“天子认刘备为叔，恐对明公不利。”曹操听后便产生几分疑虑，于是接受了程昱的建议，请汉献帝带领刘备、关羽、张飞等文武大臣到许田狩猎，以观动静。当时曹操用汉献帝的金令箭射中一鹿，众人以为是皇上的高超箭法，齐呼万岁，曹操却放马遮在献帝面前，迎受欢呼，这惹怒了刘备身后的关羽，他提刀拍马欲杀曹操，刘备急忙制止。

相传，秦朝末年，陈胜和大家正在土台上商量着起义大计，忽然看见一只花鹿远远地跑来，陈胜“嗖”地拔出箭，豪气大发，说道:“他日我若能得王位，这箭就能将鹿射死！”说罢，张弓弦响，一箭中鹿。后来，人们就把陈胜射鹿的土台称作“射鹿台”。“射鹿台”就在许田。

“许田射鹿”，在晋人陈寿所著的《三国志》中只字未提。而宋朝裴松之在为《三国志·蜀书六》做的一段注解有：初，刘备在许，与曹公共猎。猎中，众散，羽劝备杀公，备不从。及在夏口，飘飖江渚，羽怒曰：“往日猎中，若从羽言，可无今日之困。”罗贯中抓住关公吉光片羽的一句话，妙笔生花洋洋洒洒挥就了《三国演义》“曹阿瞒许田打围”一节。很是迎合明朝尊关公忠勇、贬曹操奸诈的民风。也为京剧《许田射鹿》提供了戏剧情节。

《许田射鹿》，精采之处也是京剧高潮，在“射鹿”。曹操邀刘备一同随护汉献帝到许田射鹿，曹操意在观察分析刘备的心气、心力，而当献帝要看刘备射艺时，刘备射中兔子，没让献帝失望，又没暴露志向；曹操见刘备射兔，以此认为刘备无大志不可畏。而献帝三箭射鹿不中，为曹操用金令箭（皇帝专用）射鹿做了辅垫，而后，“曹操用汉献帝的金令箭射中一鹿，众人以为是皇上箭法高超，齐呼万岁，曹操却放马遮在献帝面前，迎受欢呼”，曹操“挟天子令诸侯”，便暴（揭）露得一览无余。

而这“鹿”，喻指帝王之位、之权。

明孝陵的“银牌鹿”之迷

南京明孝陵的原城墙，将现在整个中山陵风景区都包括了进去，其范围大概与现在环陵路所包括的区域差不多。估计孝陵城墙的位置应该比较接近现在的环陵路所在地。而且仅仅环绕孝陵的城墙就有22.5公里长。这个长度相当于京师城墙长度的三分之二，可见规模之宏大。那时候，明孝陵围墙内是享殿巍峨，楼阁壮丽。陵内植松十万株，养鹿千头，每头鹿颈间挂有“盗宰者抵死”的银牌。称为“长生鹿”，禁止捕猎。明太祖为了让“长生鹿”能得以繁衍生息，特在孝陵卫下设牧马千户所。明代律令规定，盗窃长生鹿者死，因此无人敢犯禁。去孝陵谒陵的人都能看到在林间自由奔逐的“银牌鹿”。成了明孝陵的独特风景。

20世纪的八十年代后期，当时的中山陵园管理处（今天中山陵园管理局的前身）决定尽量恢复明孝陵在明代的旧制，曾分几批购买了几十头梅花鹿，放养在明孝陵的宝城内。可惜，这些梅花鹿在宝城也没有生存多久，静寂的林中，再也听不到“呦呦鹿鸣”，只有风吹过时的阵阵松涛。

这就引出了明孝陵“银牌鹿”之迷。为什么明孝陵放养千头鹿？为什么鹿颈是挂银牌而不是金、铜牌？

这迷，其实用自然生态知识就能解开。信吗？听我道来。

明孝陵在江南，江南的风水特点雨水充沛，树木繁盛。为防止水患，明孝陵建造者设计了以外御河、内御河和宝城御河三条河流为主干，形成完整的排水系统。

而陵内植松十万株，有充沛雨水，树林茂发过盛，谁来剪枝？更主要的是树林茂密，气候湿润，蛇类很多，蛇的自然本性也适合生活在地下的洞穴或墓葬中，而且来去无踪，能随时随地钻进墓穴，对死者尸体和墓室陪葬物造成损失，更可怕的是打扰或威胁死者的亡魂。所以蛇历来被看做是潜伏在地下的邪恶，是最容易对人的尸体或亡魂构成危害的动物。鹿能克蛇：鹿能吃蛇，鹿的蹄能采踏死蛇，又有着锐利的角可以驱蛇，而且，鹿吃食树木嫩枝裹腹，会奔跑中冲折多余枝叉，从而给陵内的茂林起到“剪枝”又施肥（粪便）的作用。显然明孝陵的建造者正是了解掌握鹿的自然属性，便在明孝陵放养鹿。

为什么当年“植松十万株，养鹿千头”？这同上世纪放养几十头梅花鹿在明孝陵没有生存多久，是可互为佐证的问题。鹿能克蛇在今天我们并不熟知，但蛇吞鹿则见有新闻报道。明孝陵树林茂密，气候湿润，蛇类很多，几十头鹿在放生环境下，蛇很容易从这不成阵容的鹿群的蹄脚边逃过，几十头的鹿可能吃了点小蛇，但更易于被大蛇和众多的蛇围食。而且几十头鹿繁殖数也很低，自然没有生存多久。

“养鹿千头”则不同了，首先鹿繁殖数一年数百头没问题，老弱病残而死而被蛇食，并不能使鹿的总量减少。陈文述《秣陵集》云：“孝陵之建，有松十万株，长生鹿千……”，《琐语》亦云：“明朝南京孝陵内蓄鹿数千，项悬银牌。人有盗宰者抵死。崇祯末年，余解粮往游陵上，数见银牌鹿往来林中……”。方圆四十五华里，还“数见银牌鹿往来林中”，说明陵内鹿的数量仍然很多。而且，千头鹿要是分成十个群，每一群鹿走过时，鹿蹄采踏过的面积三百平方米以上，这面积内出现的蛇，最少要被采踏有五个蹄次，不死也要残，从而使所养的鹿足以能够强势克蛇的生存和繁殖。

鹿颈上为什么挂“银牌”？挂有警示语的“盗宰者抵死”银牌，防止被捕杀是有明示作用，更主要的是因为银的保健作用。白银有杀菌作用，鹿颈上挂的银牌一旦触水，可净化消毒鹿的食用水，鹿颈挂着银牌而死伤，银化合物还能使鹿的伤体得治疗，使尸体不易发酵变酸。银的这些作用是金、铜都不具备。

明朝的皇陵只有明孝陵在江南，明孝陵的建造者把陵区建造达到方圆四十五华里，内还种植松树十万株，养鹿千头。实际是运用自然的力量，以营造成护陵的生态环境。这就是明孝陵“银牌鹿”的迷底。

北美和加纳的“猎鹿节”

猎鹿节是北美颇有历史的活动，早在数百年前的这一天，冬天来临了，北美各个森林地区纷纷开禁允许狩猎，同时举办庆祝活动，这就是猎鹿节的由来。猎鹿节的出现，这在当时，是人类认识自然(鹿)，尊重自然（鹿），保护自然（鹿）的一个重要标志。

野生的鹿都具夜行性，以夜间或黎明活动觅食者居多，人类还是从观察中发现，野生鹿的食物来源非常广泛，包括野草、树皮、树根、苔藓植物如地衣等等。在冬天，鹿摄食的植物（如苔藓植物及常绿阔叶灌木）虽含有充足的碳水化物，但蛋白质、矿物质均低，形成鹿的热能负平衡，为了适应冬天的营养缺乏，鹿调养内分泌，以降低代谢率，冬季这一时期的鹿体重亦逐渐减轻，一般在冬季鹿的体重减轻5%～26%。当冬季来临时，因食物缺乏，鹿是靠降低代谢率，以减低对食物的消耗，此时各年龄鹿只已停止生产，过了冬季，即恢复代谢率，食欲大增，此时雌鹿已受胎逐渐接近分娩期，雄鹿亦准备解角长出鹿茸。所以，开禁允许狩猎的时间放在初冬（注意是初冬，而不是全个冬季)。既能减轻冬季森林的植被少又被鹿吃食的压力，又避开了鹿的生产期，而且，鹿有后冬、春、夏、秋的休养生息。这是人类对鹿，放弃戮杀的进步！

如今，每年 11 月，美国威斯康辛州居民还会拥入森林，进行为期 9 天的一年一度的猎鹿行动。影片《撕裂人》里的猎鹿节晚会，人们唱歌跳舞，唱的歌是 Corb Lund –（Gonna）Shine Up My Boots。随着美国环境和动物保护意识和水平的提高，猎鹿节在变异中，趋向成为了人们亲近自然、亲友相聚的地域性休闲活动。

世界上还有一个国家，“猎鹿节”是一直保存下来的民风民俗，这个国家是加纳。加纳的每个部族每年都有自己传统的节日，如“饥饿节”“木薯节”“猎鹿节”等，在盛大的节日里都举行非常有趣的击鼓会。

加纳中部省温尼巴镇的伊福图族人，在每年 5 月 19 日都要庆祝其传统节日“猎鹿节”。传说，伊福图族人的祖先是古苏丹人。为了生存，放弃了恶化的生活环境，古伊福图人开始向西迁徙。因为得到了一个名为奥图的神的帮助，他们克服千难万险，顺利到达了今天的加纳，安居乐业。为了感谢奥图神，他们年年祭祀。巫师传达神的旨意说，必须用活人当供品。几年过后，伊福图人发现用活人当供品，与奥图神帮助伊福图人的主旨相矛盾。他们全族人共同举行庄重仪式向奥图神请意能否用其它活物代替，神授意用一只活鹿代替，而且，只能图手围猎。于是，这个节日就被命名为“猎鹿节”。这一天，扛着图手围猎的猎鹿而来的族人，倍受拥戴。

我想：正因为“猎鹿节”，在人类文明历程中，弱化、消除了戮杀的元素，也才使“猎鹿节”，让我们有了欢娱的心境关注它。

新中国师范生的鹿常识

有人问说：新中国刚建立时，百废待兴，有鹿文化知识教育传播吗？我说有呀！那时候选用的教材有：中华书局在民国三十七年（1948年）二月初版发行的中华文库初中第一集《动物常识》（徐琨编）。

我收藏的这本中华文库初中第一集《动物常识》（徐琨编），就遗留着史迹。该书印刷定价为“国币二元六角”，发行时毛笔涂去原价，另加印上新价3900元，这也是国民党发动内战，国统区的币券暴幅贬值的例证。该书第一枚藏书的印名是：苏北师范专科学校图书馆藏书。有关校史载记：1952年5月，由私立通州师范学校文史专修科、扬州中学数理专修科、苏南丹阳艺术学校艺术专修科、苏北师资训练学校教育专修科合并建立苏北师范专科学校。这书应该原为“私立通州师范学校文史专修科”用书。几年后，该书的借阅登记卡印名是：扬州师院图书馆（59年12月25日），有关校史载记：1959年4月，扬州师范专科学校并入苏北师范专科学校，升格定名扬州师范学院。这本书也成了中国共产党领导建设新中国，在自然文化知识方面，采取旧为新用的例证。

那么，这本《动物常识》传授的鹿文化知识主要有哪些？

在“第一篇动物与食料”介绍道：“鹿的肉脂肪少，几乎全是精肉。

味美，不差于野猪肉，但略有臭气。”“驯鹿的肉，味似鹿肉。驯鹿的肉与鲸肉及海豹的肉，是北加拿大的爱斯基摩人日常所不可缺少的食品。”“驯鹿的乳，量虽不多，但是毫无臭气，且非常浓厚，富于滋养物质，脂肪不消说得，即蛋白质的含有量亦多。故宜略加水以供用。食此乳者，有爱斯基摩人、库页岛人、蒙古北方的乌利哈族人。”

在“第二篇动物与工艺”介绍道：“世人每以为鹿角于每年发生一枝，此与实际不符，事实上每年春季始生角，至十月充分发育，分歧为2–3枝，到明春自然脱落，即鹿是年年脱换的。”“鹿角可制箸、小刀柄、印材、洋伞、手杖的柄，诸种的雕刻物。鹿角又可用安置刀剑的架，未开化人种用作胸饰品”。并附图7有六件未开化人种所用鹿角胸饰的手绘样图，附图8、9有未开化人种所用驯鹿角制的缝针、钻头、箭头、爱斯基摩人用角制枪头的手绘样图（这些图现今很罕见！）。做为采制毛笔用毛的动物介绍“鹿腹毛最良，老毛更佳”。“鹿皮鞣制后，表里无光泽，但甚柔软。可制表袋、手套、钱包”。“驯鹿皮可做座垫用，但性脆易折裂”。

在“第四篇动物与药品”介绍到麝香。

这些鹿常识，让教师、学生懂得了人类可以用鹿做什么，鹿是人类有使用历史、有使用价值的动物。那时，还缺乏动物（鹿）保护方面的意识、常识教育与传播。这是时代的局限。

今天，我们强调保护动物、爱护动物，也不该回避谈及人类对鹿的使用历史、鹿对人类有使用价值。我们应该从保护生态、保护生物多样性的角度，来构筑保护动植物、保护鹿的人类思维空间，我们也应该从科学利用、保护文化多样性的角度，来丰富保护动植物、保护鹿的人类思维内含。

公务员行测“狼鹿效应”

2012 福建公务员考试的“行测”片段阅读精讲中有一道题：“某地的人们为了保护鹿群，消灭了所有的狼。但是，由于鹿不再长时间奔跑，体质开始下降，数量没有增加反而减少了，这就是著名的狼鹿效应。据此可知：A. 要保护鹿就必须增加狼的数量，B. 狼可以促使鹿群增加，C. 人为破坏生态平衡并不会保护生态发展，D. 生物进化是可以逆转的。”A.B.C.D 哪个答案更完满？一会再说。

历史上，美国最高职务的一位公务员——美国第 32 任总统罗斯福，曾经行使他的权利回答了这一问题。信吗？

请打开人教版小学六年级上册第 14 课。这篇课文讲述了 20 世纪初，美国总统罗斯福因为发布了一项错误的命令，凯巴伯森林生物链不平衡而引起的巨大后果。然后提出了“人只根据片面的认识，去判定动物的善恶益害，有时会犯严重的错误的道理。”

课文原文（作者：胡勘平）

“20 世纪初，美国亚里桑那州北部的凯巴伯森林还是松杉葱郁，生机勃勃。有四千只左右的鹿在林间出没，凶恶残忍的狼是鹿的大敌。

美国总统西奥多·罗斯福很想让凯巴伯森林里的鹿类动物得到有效的保护，繁殖得更多一些。他宣布凯巴伯森林为全国狩猎保护区，并决定由政府雇请猎人到那里去消灭狼。

枪声在森林中回荡。在猎人冰冷的枪口下，狼接连发出惨叫，一命呜呼。经过25年的猎捕，先后有六千多只狼毙命。森林中其他以鹿为捕食对象的野兽（如豹子）也被猎杀了很多。

得到特别保护的鹿成了凯巴伯森林中的“宠儿”，在这个“自由王国”中，它们自由自在地生长繁育，自由自在地啃食树木，过着没有危险、食物充足的幸福生活。

很快，森林中的鹿增多了，总数超过了十万只。十万多只鹿在森林中咬东西啃，灌木丛吃光了就啃食小树，小树吃光后又啃食大树的树皮……凡是鹿能吃到的植物都难逃厄运。森林中的绿色植被在一天天减少，大地露出的枯黄在一天天扩大。

灾难终于降临到鹿群头上。先是饥饿造成鹿的大量死亡，接着又是疾病流行，无数只鹿消失了踪影。两年之后，鹿群的总量由十万只锐减到四万只。到1942年，整个凯巴伯森林中只剩下不到八千只病鹿在苟延残喘。

罗斯福无论如何也想不到，他下令捕杀的恶狼，居然也是森林的保护者！尽管狼吃鹿，它却维护着鹿群的种群稳定。这是因为，狼吃掉一些鹿后，就可以将森林中鹿的总数控制在一个合理的程度，森林也就不会被鹿群糟蹋得面目全非。同时，狼吃掉的多数是病鹿，又有效地控制了疾病对鹿群的威胁。而罗斯福下定决心要保护的鹿，一旦数量超过森林可以承载的限度，就会破坏森林生态系统的稳定，给森林带来巨大的生态灾难。也就是说，过多的鹿会成为毁灭森林的罪魁祸首。

这与人们对狼和鹿的认识似乎是相悖的。童话中，狼这动物几乎永远担着一个欺负弱小的恶名。如，中国“大灰狼”的故事和西方“小红帽”的故事。而鹿则几乎总是美丽、善良的化身。狼是凶残的，所以要消灭；鹿是善良的，所以要保护。罗斯福保护鹿群的政策，就是根据这种习惯的看法和童话的原则制定的。

凯巴伯森林中发生的这一系列故事说明，生态的‘舞台’上，每一种生物都有自己的角色。森林中既需要鹿，也需要狼。仅仅根据人类自身的片面认识，去判定动物的善恶益害，有时会犯严重的错误。”

这是小学生的课文，为什么考问公务员呢?

有人会说，现今科学发展、生态文明、生态平衡和生态保护，已列入考核公务员政绩的科学体系。说得对呀！我以为，这只是生态管理方面，也应该从社会管理的角度来考一考“狼鹿效应”。

在群体心理学中，人们把由于适当的冲突与竞争而产生群体及其个体强盛不衰生机勃勃的现象，称之为“狼鹿效应”。这种效应的名称就来自于上述这个狼与鹿的真实故事。

为什么会吃鹿的狼保留一定的数量，反而使鹿生存的更加健壮，更富有活力?

因为，狼和鹿共处中有着竞争的作用。罗斯福的灭狼护鹿，实际上也是在灭鹿。为什么?因为鹿缺少了竞争对手，鹿就无忧无虑，不必四处奔波，便大量繁衍后代，结果蔓延瘟疫、大量绿色植皮吃光，致使鹿群难以生存下去。而狼在森林中，狼为猎取鹿拼命追鹿，鹿为生存拼命逃，鹿也有了更多的锻炼提高了体质，少量老弱病残的，就被狼吃了。因此，健康强壮的鹿又得到相对的保护，始终维持在一个适当的数量中，森林也得到了保护。

而且，狼、鹿是生态链上紧密相连的一对相生相克的动物。生态链是大自然赋予的，是优胜劣汰、物竞天择的结果。狼与鹿是一对相生相克的关系，是生态链上的两个紧密相连的两环，谁也难以离开谁的生态平衡关系。罗斯福的“灭狼护鹿”政策是违背了这一原理，必然要遭到大自然的报复。后来采取的“引狼入林”的补救措施，是这一原理的应用，从而恢复了狼鹿效应。

再者，表面上狼、鹿是你死我活的冲突体，而实质上正因为这种冲突才促进了它们健壮地生存与平衡发展。狼鹿的冲突，客观上帮助它们寻求新的策略，以求得生存，使狼、鹿、森林得到一个生态平衡，狼间接地保护了森林，森林养育了鹿，鹿又成活了狼。如果没有狼与鹿的冲突，鹿就不会怕狼，那么，生态平衡就会受到破坏。

从社会管理的角度来思考“狼鹿效应”。权力，好比是鹿（禄），是人民给的；人民，好比是森林，森林中鹿出现，森林需要修枝、施肥，需要鹿为森林服务，也就是权为民所用；但是权力没有约束就可能伤害人民的利益，也就是象没有狼约束鹿，鹿也会不自觉中伤害森林，最终也害了自己；约束，就好比是狼，森林要有狼，就好比人民需要对权力有效约束。约束，有党纪、国法、条例、承诺，也还要有有效的监督机制，有理有据的公开批评，甚至，一定理性的、合理诉求的、不侵犯公共利益的冲突和“过火”，都应理解为权力在不同状况时的约束范畴。“非典”初期舆情处置转变、广东乌坎事件，可算是社会管理中“狼鹿效应”作用的典型案例。当然，狼也不能在数量上过多形成过凶猛，建国以来也是有深刻的教训,“反右”“文革”，就好似“狼”过于凶猛、凶残，结果，伤了“鹿”，也伤害了“森林”。

相信，狼鹿效应有效作用的社会管理，会更和谐，更科学发达。

鹿台与观鹿台

商，始有王权象征的鹿台（鹿苑）。鹿台与观鹿台亦有遗留。

最负盛名的“鹿台”是商殷纣王所建之宫苑建筑，统称“鹿台”，商殷纣王所建：“其大三里，高千尺。”是殷纣养鹿处和积财处，这也是中国养鹿最早的记事，那时养鹿的实用性主要是食肉、衣皮、观赏和祭祀。史书记载：“厚赋税以实鹿台之钱。”纣建鹿台耗时七年，工程之大不言而喻。地点应在今鹤壁市淇县城西十五里太行山东麓。如今，鹿台是华夏第一园林淇县“淇园”的八景之一的“鹿台朝云”。鹿台遗址上的首台今存龙王庙和鹿台古碑、鹿台遗址“瞻彼淇澳”石匾(明代)。

历史上有两个“射鹿台”。一个是大泽乡射鹿台，位于安徽省宿县城南的大泽乡。另外一个是许田射鹿台，位于许昌市东北 25 公里许田村西，台高约 10 米，占地 1500 平方米。大泽乡射鹿台，因秦末农民起义头领陈胜以射鹿占王位，“他日我若能得王位，这箭就能将鹿射死！”说罢，开弓弦响，一箭中鹿。后来，人们就把陈胜射鹿的土台称作“射鹿台”。许田射鹿台，台前有石碑两通：一通为清康熙年间许州的吏目滕之瑚书“射鹿台”，还有一通为清乾隆十二年立，碑文记载了许田射猎的史实。京剧《许田射鹿》演义的就是这三国时期曹操挟献帝与刘备许田射鹿的事。

唐代的南诏时代，南诏王的养鹿场，在今云南大理的团山（当时团山叫息龙山），三五成群的马鹿在山上啮草，呦呦的鹿鸣远近可闻。唐人樊绰在《蛮书》中有“龙足鹿白昼三十五十，群行啮草”的描述。这里为什么成为南诏王族养鹿的地方呢？古代的洱海，水域比现在宽广得多，可称得上“烟波浩淼”，团山曾经是洱海南端的一个小岛。山周围的海水是天然的栅栏，马鹿自然得到最有效的监护。世事沧桑，鹿场久废。古人在团山建珠海楼，常有人来此游玩，可惜此楼于上世纪四十年代末被毁。

隋唐也建有上林苑为皇家鹿苑。在唐代，关中地区的鹿类资源仍然相当丰富，卢纶《早春归周至旧居却寄耿拾遗湋李校书端》诗就曾提到周至一带“野日初晴麦垅分，竹园相接鹿成群”的景象。当时文献中甚至不时出现关于鹿类动物进入京城街市、太庙乃至直入皇宫殿门的记载，说明在隋唐时期的关中甚至长安城附近，鹿类的遇见率还相当高。这可能因为当时国家对畿内百姓的捕猎颇多禁令，故鹿群可以相当自由地活动。尽管在当时民间猎鹿受到禁止，但皇帝和王公贵族也时常围猎于荒郊旷野、射鹿娱乐，这些在当时的诗文中多有记颂，毋须具引。

宋朝宋徽宗的鹿苑“养鹿数千头”，除了观赏还供食用。

元、明、清三个朝代在今北京也都建有鹿苑。南囿秋风，是明清时代的“燕京十景”之一。南囿，说的是位于北京城南的南苑，又叫南海子。明代大学士李东阳的《南苑秋风》诗写道：“秋随万马嘶空至，晓送千骑拂地来。落雁远惊云外浦，飞鹰欲下水边台。”古代写南苑诗中有提及南囿秋风的观鹿台。

紫禁城鹿台位于御花园内，御花园位于紫禁城中轴线上，坤宁宫后方，明代称为“宫后苑”，清代称御花园。始建于明永乐十八年(1420年)，以后曾有增修，现仍保留初建时的基本格局。全园南北纵 8 米，东西宽 140 米，占地面积 12000 平方米。园内主体建筑钦安殿为重檐盝顶式，座落于紫禁城的南北中轴线上，以其为中心，向前方及两侧铺展亭台楼阁。园内青翠的松、柏、竹间点缀着山石，形成四季长青的园林景观。

在中国古代，鹿台，是皇权和财富的象征，又是帝王弘本崇德，和观鹿、围猎的地方。

麟儿，大器“玩”成

中国古代民俗多以“麒麟儿”“麟儿”“麟子”等为美称赞扬别人家的孩子，仁德、富贵、祥瑞，今也有习用。这也是人们对古往今来“望子成龙”的美好愿望的风雅附和。

“望子成龙”，中国古代就有了朴素的发现潜质和早期教育的风俗。中国古代“抓周”的风俗，俗名“试儿”，即婴儿满一周岁，家人陈列各种物品、用具，任其抓取，以预测他未来的志向和前途。宋朝吴自牧《梦粱录·育子》载：“其家罗列锦席于中堂，烧香秉烛，金银七宝玩具、文房书籍、道释经卷、秤尺刀剪、升斗戥子、彩缎花朵、官楮钱陌、女工针线、应用物件、并儿戏物，却置得周小儿于中座，观其先拈者何物，以为佳谶。”宋朝孟元老《东京梦华录·育子》谓此为“小孩之盛礼”。《红楼梦》第二回写贾政在宝玉周岁时，要试他将来的志向，谁知宝玉伸手只抓些脂粉钗，贾政大怒说：“将来酒色之徒耳！”清末民初，北京民间仍然盛行这种小儿“抓周儿”礼。虽然，小儿周岁并不再搭棚操办酒席，也不下帖请客，但凡近亲们都不约而同地循例往来祝贺，聚会一番。一般不送大礼（如贺幛、金银首饰）仅是给小孩买些糕点食物或玩具。

如果说中国古代“抓周”的风俗，更象是与幼儿游戏的话，那么

“三岁看大，七岁看老”这中国古代民间流传的俗语，则是人们对自身成长的观察经验总结。从儿童心理发展规律和个性的形成与发展来看，婴儿出生两周开始产生了心理现象，经过婴儿的第一任老师——母亲的培养教育、家人和环境的影响以及游戏活动等，儿童的心理活动无论从感知觉的能力、认识活动的萌芽以及思维、情感、意志和行为活动都有了初步的形成与发展，心理学家通过实际资料观察到：个性的初步萌发是在三周岁左右，也就是说，一个人的个性特点健康与否，三周岁就已奠定了基础。所以，“三岁看大”的道理就在于：从儿童三周岁时的心理特点、个性倾向就已能看到长大后的心理与个性形象的影子。但是，三周岁的儿童，个性尚未完全形成。如果对三周岁儿童的个性倾向做一个总结，并进行分析、鉴定，找出个性上的优点，有意地进行培养、发展，再找出个性中的缺陷和弱点，有意识地进行矫正，就可使这些缺陷和弱点被掩盖起来而不显现，这就是通过后天培养、教育，发挥良好的个性特征，克服不良的个性倾向所取得的效果。由此，也充分显示了个性的后天可塑性。但必须指出，这种良好个性的培养以及不良个性的矫正，只有在学龄前期（三周岁至六、七周岁）才是最有效的。心理学家认为，人的个性特征的初步形成是在学龄前期（个性发展和定型是在青少年时期）。学龄前期所形成的总的心理特征（心理活动的模样）是人的最初的比较鲜明的心理倾向，这时，也开始形成了人的最初的个性特征。这些最初形成的个性特征，在儿童的心理上织出了最初的较为明显的“花纹”。所以，一个人在一生中所表现的个性特点和心理活动的总特征的雏形，一般在七周岁已显现。这就是“七岁看老”。

每一个人在儿童时代，不论家庭贫富，不论年龄大小，都需要也都有玩具、游戏、玩友相伴。为什么？因为，玩具是儿童的天使，游戏是儿童的天性，玩友是儿童的天真。玩具、游戏、玩友不仅让儿童获得娱乐与知识的启蒙，而且也影响着儿童塑造性格与开启智慧。儿童从玩乐中生发探索的兴趣，健全体魄、增进知识、辨别是非、开发智慧，从而尚德立志，为实现宏大的人生目标奠定坚实的基础。玩具、游戏、玩友便积聚了天下父母、长辈对孩子们树大志、成大器的殷切希望。

我国民间玩具有着悠久的历史，早在距今约6千～1万年的新石器时代，就有陶的响球、陶连环等玩具出现。如今，中国古代民间玩具很少见了！

今年6月正值中国“文化遗产日”活动举办期间，中国美术馆特别策划了“大器‘玩’成中国美术馆藏民间玩具精品陈列”。

陈列从儿童成长和认知能力的发展顺序，以“成长”和“成才”为线索分为：希冀、启智、尚德三个部分。“希冀”主要展示低龄婴幼儿所玩的民间玩具，如山西黎侯布虎、陕西千阳布龙、陕西洛川布鹿，以及富有吉祥祈愿意义的“辈辈封侯”“状元骑马”“麒麟送子”等。这些玩具不但寄托了家长对孩子健康成长、出人头地的殷切希望，蕴含着深厚的历史文化内涵，而且通过逼真的形象，艳丽的色彩，生动优美的造型，潜移默化地向儿童传播知识、陶冶性情、培养心智，成为他们最好的启蒙教具。“启智”主要展示趣味性、参与性和动手性强的玩具，如京津地区的风筝、风车、走马灯，以及各地的车辆玩具、提线木偶、泥模（鹿）等。这类玩具是民间智慧的结晶，儿童在玩耍的同时可以了解科学现象与原理，培养观察力、创造力、动手能力以及对科学的兴趣。这也是儿童开启智慧、开创美好未来的学习方式。“尚德”主要展示传统故事、戏出人物类玩具，这些作品多以轻松幽默的手法塑造积极正面的人物形象，如泥人“三国兵马”“白蛇传”和鬃人“大闹天宫”等，通过寓教于乐的方式，使孩子们在学习传统文化知识的同时，能够明忠奸、辨善恶、知美丑、分贤愚，启迪和培养他们良好的道德品质，有助于树立正确的人生观和价值观。

希冀、启智、尚德三部分在线索上从婴幼儿的健康保护、认知培养，到低龄儿童的体魄锻炼、智慧开启，再到少年儿童的知识学习、启德尚志，丝丝相扣，紧密联合，成为一个不可分割的整体。反映了中国古代传统民间玩具还承担着“成教化、助人伦”的历史使命。给人以启迪：麟儿，大器“玩”成！

心头撞鹿的颤动

心头撞鹿，这句成语解释是：心里像有小鹿在撞击。形容惊慌或激动时心跳剧烈。有人就问我说：为什么形容惊慌或激动时心跳剧烈，是“心头撞鹿”而不是心头撞其它动物呢？这与“一见钟情”“初恋”有关，“七夕”情人鹊桥的日子又快到来，我就从“心头撞鹿”成语出处、习惯造句和神奇表露来解答这个问题。

心头撞鹿这句成语出于明·施耐庵《水浒传》第一〇一回：“王庆看到好处，不觉心头撞鹿，骨软筋麻，好便似雪狮子向火，霎时间酥了半边。”读过《水浒传》的人便知道，这让王庆不觉心头撞鹿的“好处”是童娇秀，王庆为童娇秀着迷。《水浒传》写道：“王庆趱上前去，看那女子时，真个标致。有混江龙词为证：丰资毓秀，那里个金屋堪收。点樱桃小口，横秋水双眸。若不是昨夜晴开新月皎，怎能得今朝肠断小梁州。芳芬绰约蕙兰俦，香飘雅丽芙蓉袖。两下里心猿，都被月引花钩。王庆看到好处，不觉心头撞鹿，骨软筋麻，好便似雪狮子向火，霎时间酥了半边。那娇秀在人丛里睃见王庆的相貌。古风眼浓眉如画，微须白面红颜。顶平额阔满天仓，七尺身材壮健。善会偷香窃玉，惯的卖俏行奸。凝眸呆想立人前，俊俏风流无限。那娇秀一眼睃着王庆风流，也看上了他。”

由此看来，心头撞鹿，形容的“惊慌或激动时心跳剧烈”，初始是形容男女一见钟情时的动心和心动，如同含情脉脉的鹿，温柔地依恋又颤动地撞击。心头撞鹿，这形容也同人与鹿为伴的想象相符。这可是其它动物无法替代的。可不，能想象“男女一见钟情时的动心和心动”，是心头撞虎、豹、狼吗？不行，因为这一撞，人死定了。是心头撞鸡、鸭、鸟吗？不行，因为这撞，没感觉。是心头撞狗、猫、兔吗？不行，因为这撞，有人怕呀。是心头撞猪、牛、马吗？也不行，因为这撞，不易撞到，就是撞到了力量又太大，不温柔呀。

至今习惯上写作造句，心头撞鹿，仍有用于形容男女一见钟情、初恋时的动心和心动。如：“初见心头撞鹿：张作霖强夺他人绝色之妻作妾”。再如：“怒气未消的她一面兀自喋喋痛骂（红袖院是她姨妈息红泪开的），一面心头撞鹿地想着宋士俊的到来。”还有如：“泪流满面啊，相亲认识的木耳一条短信就让我心头撞鹿！”

心头撞鹿，是神奇而难忘的感受，从一见钟情开始有会持续在初恋的一段时间里，在这一段时间里，会有神奇的诗作智慧，甚至会写出不朽的词句诗文，就在这一段时间里的颤动，是眼、心、声、情、思的共振，不会作诗也会吟。大家可以品读如下心情对句（出句的是女子，和对的是男生），这些心情对句，就创作产生在心头撞鹿的颤动。

红日喷薄，万道霞光刺破苍穹，壮丽，壮怀，为前路拉开序幕。

白云尽染，亿兆丹花直扑大地，振憾，振人，要后者推波助澜。

真爱无形，却越过万水千山。受伤难免，在藏与不藏间，煎熬体验。

关怀永恒，不在于此刻那时。但笑何妨，在痛与不痛间，磨炼升华。

走进去，万般柔情化愁绪，凭栏问，几时云帆载归人。

跳出来，一样冰心系肝胆，仰天笑，喜日彩礼等谢娘。

遥想晓风吹过，柳絮纷纷，月色残。于宿醉迷离中，寻一抹凄婉，似真似幻。

虚怀轻舟荡漾，心绪绵绵，容颜开。在案香陶冶里，书几笔遒健，如景如画。

玫瑰没香，不知有情没？

玫瑰没香，笃定是情深。

玫瑰是一种象征，极具媚惑之力。虽是无香，望之，却也缕缕暗香袭来，不禁把持。

玫瑰是一种心境，颇有感染之美。实是有香，闻了，倒是清清粉香飘逸，都会欣赏？

极目天涯，一株芳草，秋波潋滟，韵致如霞。

贴耳海滩，几重浪花？春潮澎湃，声和赛歌！

单车，海风；红竹，银杏；让心灵来次洗浴，给生活以质的提升。

独道，沙鸥；青柳，金桔；任体魄再次锻锤，期事业有新的飞跃。

流水清柔，凝思悠远。摇芭蕉，醉樱桃。

泰山雄峻，铭志仰高。托心蕊，透雨露。

雨露，润了空气，润了心扉。梦境，彩云归处，芳草依依。

心绪，通了文思，通了情结。人生，骄阳端午，和风习习。

风雨里，一个人原本凄清，一把伞罩住两个人一样的心情。枫叶目光虔诚，用春的青翠，执着到深秋黄昏最美的风景。

日月下，两个人还是孤单，两双手联成一个人一样的纽带。百合蕊影赞美，让夏的灼热，超越过寒冬夜晚灿烂的星空。

你，如一泓清泉，轻碰起涟漪，漾去久远的记忆，给春，捎去幽深怀想的讯息。

你，象一块碧玉，紧握泛温润，透到深处的心田，送夏，带走热忱期待的目光。

这令人怀想起儿时，应声阿哥的故事。是你，把原本平淡的话语，变成经典的记忆。

这让我品读到昨日，挑言小妹的日记。是你，用过去美好的片断，引出永久的珍藏。

石器时代先民猎鹿方式猜想

从众多石器时代先民生活遗址，一再发现大量的已经炭化并成为亚化石的鹿骨角，可以肯定，当时的先民曾经以猎杀鹿作为改善自己生活的主要手段。

鹿的奔跑速度非常快，石器时代包括新石器时代，先民的生产工具非常简陋原始，先民是怎样猎杀鹿的呢？这里做些大胆的猜想。

下绳套，应该是一种方式。绳套是用藤本植物或麻绳做成的，一旦套住鹿的脖子，就会被挣扎的鹿越拉越紧，直到把鹿勒至无力动荡；而如果套住鹿角，也会越拉越紧，勒住鹿，抓到活的鹿。石器时代，人类生活环境中，鹿群繁多，为了猎到鹿，先民会把许多绳套安置在鹿群出没树林的树间，然后，先民群体出动持木棒包围将鹿群往下绳套的地方驱赶，这就总会有鹿在仓促慌乱的奔跑中被套住。

设陷阱，应该是又一种方式。先民往往把折断、削尖的木棍大面积地布插在鹿群常常出没的地方，这种地方主要选择鹿群要跳过的枯老横卧的巨木，或者其他障碍物之后，鹿所要落腿脚的地方。鹿在跳跃落下的时候，就会有被布置插立的削尖木棍所扎伤甚至扎死的可能，特别是鹿群出没前扑后继，还来不及退避，便有被扎死扎伤的。

赶水中，应该是另一种方式。先民群体出动持木棒包围将鹿群驱赶到与人齐腰深的水中或泥沼中。鹿群一旦进入水中或泥沼中，鹿的逃跑速度就会变慢，这时就很容易被木棒砸伤捕捉或被利石砸伤捕捉。冬天下雪的时候，被驱赶的鹿群陷入雪地，也容易被砸伤捕捉。

弓箭射，当然是一种方式。弓大多用带韧性的藤本植物制作，箭头是用兽骨（包括鹿骨）或蚌壳做成，把磨成尖头的“骨”和“蚌”绑在箭杆的顶部就做成了箭。弓箭的力量很大，近距离射杀可把鹿的肚子射穿。在湖沼冒盐花的地带舔盐或在水边喝水的鹿群，很容易被躲在四五十米左右的猎手射中。

在这地球上，石器时代原始先民的生活，没有可能记载下来，且如同历史一样不可能重现，而当猜想与考古发现的蛛丝马迹，有一丝一点的关联，有一丝一点的验证，那时猜想就更接近史实，那时也更能体会到猜想的价值。

用今天的眼光来看，先民近乎于对鹿是戮杀、滥杀，会有人对此不堪回首。应该怎样看呢？我们从历史、从发展、从辩证的角度看一看吧。

劳动使人类从猿类中脱离出来，也使人类生存延续。猎鹿就是先民为取得赖以充饥保障生存的劳动，当食物不能唾手可得，先民面临没有捕猎就严重缺乏食物或无法改善自己生活的状况，先民必然要开发、创新捕猎手段，包括猎鹿手段，这种手段一般有因地制宜、由易到难、由简趋繁的特点。因此，某一地域、某一时期先民猎鹿方式猜想的考古确认，有利于我们了解那一地域一定时期的生态特征和人类智力及劳动力的状况。我们还必须意识到正是先民能猎鹿而且有当时的真实猎鹿劳动，也证明了人脑的发达和人脑是有创造力的。可以说我们了解人类从哪里来，是要回答人类往哪里去。我们无需也无法苛求先民要保护动物、保护生态，但是，当人类文明发展到今天，我们人类自身则是必要切实践行保护动物、保护生态、保护生物多样性。这是保护今天人类自己生存的呼唤。

鹿棋的非平衡竞技

鹿棋，是蒙古族的娱乐风俗，蒙语称鹿棋为“鲍格因吉勒格”，而在杜尔伯特草原上，因其棋子用髀骨（嘎拉哈）做成，故又称其为“孛根吉拉嘎”。鹿棋历史悠久。内蒙古文物工作队在阴山岩画中发现一幅鹿棋棋盘的凿刻画面。说明鹿棋已经有一千多年的历史。

鹿棋棋盘是什么样的呢？依照如下说明便可以绘出鹿棋棋盘。由五条经线、五条纬线交叉组成一个正方形。正方形的四个角两角相对各自划一条通栏斜线，形成斜十字。然后取经线与纬线中线端头相互连接划成四条斜线，在盘内又形成一个正方形。这样五条经线、五条纬线、六条斜线相互交叉，形成二十五个点。正方形两侧各有一座山，一面是平顶山，呈三角形，角朝棋盘经线的中线，在三角形中划一十字线，形成六个点。另一面是尖顶山，呈小正方形，一角也朝经线的中线，与平顶山隔盘相对，中间也划一个对角的十字线，形成四个点。全盘共三十五个点。

鹿棋由两人对弈，一方执鹿、一方执犬。执鹿者共 2 个棋子，执犬者共 24 个棋子。对弈前将 2 只鹿置于盘内两个山麓下，8 只犬置于盘内层小正方形周围各点上。对弈开始，执鹿一方设法从犬身上跳过，就等于吃掉一只犬，将吃掉的拿掉，而执犬者在往盘内适当位置另置一犬。鹿不能跳吃犬时，可任意走一步棋，犬再置一子，直到把手中的 16 只子全部下完为止。然后双方在棋盘内盘旋。执鹿者如果将犬全部吃掉为胜；执犬者如果把鹿围死，无步可走犬为胜。

还没开始对弈，我们不难发现，鹿棋是少见的非平衡竞技棋事活动。我们熟知的围棋、五子棋、中国象棋、国际象棋、跳棋、陆战棋、飞行棋，都是平衡竞技棋事活动，对弈的双方，棋盘相同相等对称，竞技规则相同，所用棋子数相同，在同一起跑线上，讲究同等条件对等竞技。而鹿棋则不同，棋盘上有“平顶山”“尖顶山”不相同，所用棋子数不相等，双方胜出的竞技规则也不相同，没有人会觉得鹿棋是在同一起跑线上，讲究同等条件对等的竞技。但鹿棋更相似现实的对抗性竞技，它的变数会更多，自然有助于开扩思维，而且鹿棋还能培养竞技者，不受制于环境、条件的竞技意识，这应该是鹿棋凸出的竞技意义。

如果能学会并对弈一局，应该会发现这鹿棋的更多奥秘。

鹿野苑感悟

鹿野苑（Sārnāth），仙人住处、仙人鹿园，是佛教在古印度的四大圣地之一。位于印度北方邦瓦拉那西（Vārānasī）以北约10公里处，公元前3世纪孔雀王朝的阿育王发现了这个圣地之后，布施了大量的财富给这里。也建造了大量精美的建筑。到公元3世纪时，鹿野苑已经成为重要的佛教文化艺术中心，在笈多王朝时期（公元4世纪到6世纪），更是达到了顶峰。唐朝高僧玄奘于公元7世纪来到这里，见证了鹿野苑的当时盛况“鹿野伽蓝，区界八分，连垣周堵，层轩重阁。”如今，古朴而自然的答枚克佛塔（Dhamekh Stūpa），是阿育王时期鹿野苑仅存遗留的宏伟建筑。这鹿野苑风雨数千年，没有留下一墙当初的寺院，没有留下一尊当初佛像，满目是当年静修者打坐的残砖石台遗址。鹿儿在园内自如地觅食，松鼠在砖台边跳跃，乌鸦在枝梢上静养。身临其境，感觉自己沉浸在一种难以言状的肃穆、庄严中，晃若隔世。这就是朴素、含蓄和清净的境界。举目望去，答枚克佛塔在蓝天流云前缓慢移动，正午炙热的阳光象智者传播的文明洒满大地。

初转法轮

释迦牟尼在菩提伽耶悟道成佛后，西行200公里，来到山清水秀，群鹿游学而来栖息长驻在这片有树林的地方（今鹿野苑），随后就在这里对父亲净饭王派来照顾他的5个随从讲解佛法，向他们阐述人生轮回、苦海无边、善恶因果、修行超脱之道。5人顿悟后，立即披上了袈裟，成为世界上最早的佛教僧侣。在此，佛教终于具备了佛、法、僧三宝，成为真正意义上的宗教，便开始在印度兴起，在佛教历史上称"初转法轮"，佛教始成鹿野苑。释迦牟尼从此开始，住世说法四十五年，讲经三百余会，化度弟子数千人，引得簇拥的群鹿万千。后来建佛教寺庙屋顶上有两头鹿的雕像，守卫着中间的法轮，正是源于此吧。两千多年来，佛教教义已经传遍全球，全世界佛教徒已超过5亿人。它的精彩更在于不论在何时何地、那朝那代，都教化了更多的从善如流。

名昭意境

传说释迦牟尼圆寂后变成鹿王也来到这里（鹿野苑）。鹿野苑是一个颇富意境的地名，它源自母鹿爱子和鹿王慈悯的凄恻故事。根据《大唐西域记》卷七记载，一位国王喜欢打猎。他经常到这片茂密的森林中来猎鹿。为了避免全族覆灭，鹿王决定每天安排一头鹿献给国王猎杀，其它都躲进树林深出。一天，轮到了一头怀孕的母鹿去送死，母鹿对鹿王恳求："我虽然应该去死，但我的孩子还没到死的时候啊！"鹿王心生不忍说："可怜慈母爱子之心，竟然恩及未出世的孩子。"便主动代替母鹿前去送死。国王看到鹿王的眼睛中充满着悲哀，在了解实情后大受感动：“我是人身，却像野兽一样残忍。你是鹿身，却有着高贵品德。”国王从此不再打猎，还将此地开辟为一片鹿场，供鹿群繁衍生息。今天的鹿野苑以遗址公园得到很好的保护传承，悠静的鹿群，让鹿野苑更显得名副其实，也成了鹿野苑的得名这一典故的注脚。而它的意境更在于一个通俗的故事诠释了善的真谛。

菩提树下

在鹿野苑硕大的菩提树下，现代群雕重现当年佛祖释迦牟尼首次向 5 位弟子讲经的场景。二千年前释迦牟尼就是在这里的一棵树菩提下，精进修道七天七夜而大彻大悟的。当年悟道时的菩提树已不存在，但其中的一枝被阿育王的女儿带到了斯里兰卡，如今的这棵菩提树是 1870 年从那里移植过来的。凝视这棵菩提树，会想到世界各地的菩提树，此时，能不感叹：佛法无界有舍有得吗？

鉴照映彻

12 世纪后期，鹿野苑遭到外侵的劫掠，建筑等被严重破坏。近代曾进行多次考古发掘。现存主要遗址有：乔堪祇塔，原系笈多王朝时所建，顶端有莫卧尔帝国时阿克巴修建的一座八角亭。答枚克佛塔，高约 44 米，是鹿野苑的象征，首建于孔雀王朝，笈多王朝时曾予重修。阿育王石柱残柱，石柱所在地就是法轮初转处。始建于公元前 3 世纪的阿育王石柱，是印度孔雀王朝的阿育王为纪念佛祖初转法轮而修建的。石柱四面都刻飾有獅子雕像，上有禁止毁僧内容的婆罗密体铭文。上面是四头雄姿勃发的狮子，分向东南西北；中间部分是圆形底盘，四面刻象、马、牛、狮，中间还有 24 根辐条的法轮，最下方是莲花。阿育王石柱残柱由灰色大理石雕，“灵相无隐，神鉴有微”，“石含玉润，鉴照映彻”，它是一面难得的历史明镜！

大音无声

当年那屋野重重的鹿野苑，现已是废墟一片，目前仅余庞大的砖基平台，隐约可以想见当年雄姿。但鹿野苑也还是刻录下了佛教圣地以简朴素洁的状态阐释佛学教义的原貌，它也告诉我们经典的深远与纯粹的自然往往是契合的。佛教从这里发祥，却无梵乐钟磬、香火缭绕、信众如织，菩提浓荫下庭院依然清寂。而这则吻合了心灵的憬悟：释迦牟尼说法，大音无声。

纵麑得仁

孟孙是中国古代的春秋时期鲁国(国都在今山东曲阜)的一个贵族。有一次，他在进山打猎的途中，亲自活捉了一只幼小的鹿，心爱得马上令家臣秦西巴先行将小鹿送回宅院喂养。

秦西巴在送回的路上，发现一只母鹿紧紧跟在后面，不停地偷看着，凄惨地哀叫着。那只母鹿一哀叫，这里小鹿便应和，一唱一和，那叫声十分凄惨。秦西巴终于明白了，这是一对母子，母亲在召唤着可怜的孩子。秦西巴被这一幕感动落泪了，秦西巴随即放走小鹿，让小鹿随母鹿而去。

孟孙赶回来后，问小鹿安置喂养在哪里？秦西巴如实地回答说："小鹿的母亲跟在后面流泪，我实在不忍心，私自放了它，把它还给了母鹿。"孟孙氏很生气，厉声喝道："谁让你自作主张放走鹿的，你的眼里还有我吗？"随即把秦西巴赶走了。

过了一年，孟孙又把秦西巴召回来，让他担任儿子的老师。左右的臣下说："秦西巴对您有罪，现在却让他担任您儿子的老师，为什么？"孟孙说："秦西巴不但学问好，更有一颗仁慈的心。他对一只小鹿都生怜悯之心，宁可自己获罪也不愿伤害动物的母子之情，必然是一位仁慈的老师，儿子交给他，可以放心了。"

这个“秦西巴纵麑”的故事，巧妙比喻且生动，文辞简练而富情趣，哲理浅显又深刻。出自《吕氏春秋·察今》简称《吕览》，于公元前239年写成，当时正是秦国统一六国前夕。《吕氏春秋》汇合了先秦各派学说，“兼儒墨，合名法”，故史称“杂家”，有着资治通鉴的用意。原文：“孟孙猎而得麑，使秦西巴持归烹之。麑母随之而啼，秦西巴弗忍，纵而予之。孟孙归，求麑安在。秦西巴对曰：‘其母随而啼，臣诚弗忍，窃纵而予之。’孟孙怒，逐秦西巴。居一年，取以为子傅。左右曰：‘秦西巴有罪 于君，今以为太子傅，何也？’孟孙曰：‘夫一麑不忍，又何况于人乎？’”这里汉字“麑”解释一下，纵麑（n í）：放走小鹿。麑，小鹿。

秦西巴纵麑得仁，对我们今人的启示在于：尊重、关心动物福利，是人类的天责，也是仁爱的表现。由此可引申到尊重、关心、帮助人类社会的弱势群体，是人们共同的义务，也是仁爱的表现。仁爱和宽容的品质，是人格的高尚，是人格的魅力，是人格的力量；仁爱和宽容的品质是做人的立身之本，终能受益，并益于他人；一位真正仁爱和宽容的人，为了正确行为的实现，应该不计个人得失，不惜得罪权贵；当然，因此关系到要改变领导的意图，在非情势紧急、无法请示的时候，还是应该先请示而后行事。因为，当年秦西巴是没有手机等便利的通信手段，来不及也不方便请示，而且，在今天也要相信领导对正确的意见，也该会有智慧明断和采纳的。

孟孙对秦西巴的释鹿得人，对我们今人的启示在于：领导者不能把个人权威奉为至上，不能对待部属有亲疏好恶，也不能以是否尊重自己的权威为标准；领导者要正确地看人、选人和用人，在选人上关键要看一个人的品德和信念；领导者要知人善任，要懂得特别在待人问题上的知错就改，这即是尊重人、爱护人、服务事业，也是领导者、知错者的仁爱表现和人格升华，而最终是共同受益的。

圆明园“十犬逐鹿”思辨

“慎思之，明辨之”这句话出自《礼记·中庸》十九章。这该是“思辨”一词的出处吧。思辨是思考辨析、分辨、辨别，分清楚的意思。思辨，是与哲学的理解力有关的，思辨能力提高的意义甚至可以改变人的一生，而不仅仅是拨乱反正这么点作用。一起来经历一次思辨体验好吗？

我们把目光放到中国北京圆明园……

在许多人心目中，大水法的残垣断壁就是圆明园的象征。尽管圆明园罹劫并经历百年风雨，多以石材为主的大水法附近建筑，凌乱不堪、残垣断壁，但残存的巨型雕柱、石龛和石屏风，仍十分醒目、壮观，这圆明园大水法遗迹也成为游客必到之处。细心的游客会发现附近有块躺卧的石牌文字简要介绍了昔日的大水法喷泉景象：“清乾隆二十四年（公元 1759 年）大水法建成，是一处以喷泉为主体的园林景观。主体建筑为巨型石龛式，中轴前边有狮子头喷水瀑布，成七级水帘；前下方为椭圆形菊花式喷水池；池中心有一铜梅花鹿，从鹿角喷出水柱八道；两侧散布 10 只铜狗，从口中喷出水柱，直射鹿身，俗称‘猎狗逐鹿’。大水法前，左、右各有一座大型西式喷水塔。”

大水法喷泉“猎狗逐鹿”也有称“十犬逐鹿”。在现今的天下第一城建有仿圆明园大水法“十犬逐鹿”喷泉，无疑是设计者精心再现的大水法喷泉的景象。有游客观后写道：“水，喷薄而出，变幻着花样，旋转着、交错着、断续着。大水法上，七个水盆自上而下的瀑着水，被击碎的水珠，细细的、密密的，形成了雾气，宛若白纱缠绕在大水法周围。一只惊慌、恐惧的驯鹿踌躇着。十只狼狗将它团团围住，二十只充满饥饿和贪欲的眼睛，十张兴奋的血盆大口流淌着对驯鹿的垂涎，这垂涎瞬间变成十股水柱，猛烈地喷向驯鹿。驯鹿，可怜、无助的驯鹿，我想抱着你哭。”

游客分不清梅花鹿和驯鹿，这不奇怪，设计者没再现“从鹿角喷出水柱八道”，这也不必苛求，但是，一个圆明园西洋楼的核心传神景观的大水法喷泉，给游客“我想抱着你哭”的悲凉，则不能不令人思考！当年的圆明园“大水法”喷泉是怎样的呢？当年相关的设计图样及建成的照片，无从查获，就是上述“大水法喷泉景象”的文字介绍，也不是清代遗存史料记载。造成了思辨的难度，也考量着思辨的能力。

我们从乾隆皇帝所建西洋楼的主体着手辨析吧。

西洋楼的主体，其实就是人工喷泉，时称“水法”。特点是数量多、气势大、构思奇特。它主要形成谐奇趣、海晏堂和大水法三处大型喷泉群，颇具殊趣。西洋楼于乾隆十二年（1747 年）开始筹划，至二十四年（1759 年）基本建成。由西方传教士郎世宁、蒋友仁、王致诚等设计指导，中国匠师建造。建筑形式是欧洲文艺复兴后期“巴洛克”风格，造园形式为“勒诺特”风格。但在造园和建筑装饰方面也吸取了我国不少传统手法。“勒诺特”风格的水体设计特点：外形轮廓均为几何形；多采用整齐式驳岸，园林水景的类型以及整形水池、壁泉、整形瀑布及运河等为主，其中常以喷泉作为水景的主题。由此看来大水法大型喷泉群主轴位置的喷泉就是大水法园林景观的主题。

那么，大水法园林景观的主题是“猎狗逐鹿”“十犬逐鹿”所能代表的吗?

在清乾隆年间，郎世宁和艾启蒙几乎在同时画过两组《十骏犬》图，今分别珍藏在台北故宫博物院和北京故宫博物院，都有题款说明某地某臣进献给皇上的。画家展现出猎犬“骨相多奇，仪表可嘉”“守则有威”的守护场面。由此可以推测：这“十骏犬”是大水法喷泉十只“猎狗逐鹿”“十犬逐鹿”的原型。犬是人类最早驯化的动物，驯化时间约在二、三万年前，犬对主人的忠诚，从情感基础上看，有两个来源：一是对母亲的依恋信赖，二是对群体领袖的忠诚服从。

驱犬逐鹿，在历代虽见有些描述记载，但让人感觉，找不到文治武功帝王气和江山社稷永不倒的意境或主题。《殷虚文字缀合》第264片上有：“乎（呼）多犬豕鹿，只（获）”，但这里的“犬”是“商官名。掌田猎”。古代也见描述山中野人“驱犬逐鹿，洞穴茅棚，猎物谋生”。古代画像石有“胡汉鏖战，刀枪并举，以犬逐鹿奔”。古代“猎户，常行山险，以放犬逐鹿为业”。清代唐赞衮《台阳见闻录》中记述了台湾原住民“纵犬逐鹿，活擒者谓之‘生咬’，独擒者谓之‘倒单’”。

北京故宫博物院还藏有一册《十犬图册》，也是由乾隆朝宫廷画家作，十犬图册之四图画着一黄色猎犬逐鹿情景，不论犬、鹿均为四蹄离地飞奔。让人感到，这样的猎犬逐鹿情景要是造在大水法，那是造在清帝的“夏宫”内，宫内“犬逐鹿”该会有逼宫夺位之联想和心悸吧？而且，这十个奔犬的造型与建筑环境不可能和谐，与泰然落定“从鹿角喷出水柱八道”的梅花鹿形态也不可能和谐，与康乾盛世国泰民安那时代主旋律也不和谐。

这么说，十只犬一只鹿在大水法喷泉的造型和表达的主题不是“十犬逐鹿”，那会是什么呢？实际上就一字之差，就是“十犬拱鹿”。就在这“拱”字便说通了。造型上是：一只鹿王泰然落定地立在椭圆形菊花式喷水池的池中心立柱台上，“从鹿角喷出水柱八道”，分向八个方向，分散的十只骏犬，前后左右等距离环绕拱卫呼应，拥向着中心的鹿王，从口中喷出水柱，水柱拱射在池中心鹿王站立的立柱台，喷泉“整齐式驳岸”，层次分明柔美壮丽。大水法“十犬拱鹿”的意境和主题在于：忠诚的臣民紧密地环绕、拱卫、拱护着皇上皇朝，皇恩浩荡，八方和风惠畅，大清江山万古长流。

崭“鹿”头角的奥秘

成语“崭露头角”的解释为：崭，突出；露，显露；头上的角已明显地突出来了。指初显露优异的才能。这成语让我想到：春天，那蒸蒸日上、与日俱增的鹿头角（鹿茸），觉得如果不是约定俗成的成语，用崭“鹿”头角形容，可把“才能”凸出得更硕大也更生动和更富有活力。

最近，倪萍崭“鹿”头角了。倪萍凭反映汶川地震灾后人们心灵重建的电影《大太阳》，获得本届长春电影节金鹿奖最佳女主角奖。这不是崭露头角，因为，九年前（2003年）也是在8月，媒体就报道：中央电视台著名节目主持人倪萍复影后第一部影片《美丽的大脚》在北京电影制片厂第一放映厅举行观摩会。“导演杨亚洲对倪萍的表演很满意，看好倪萍夺影后。”这影后奥秘在哪呢？其本质是真诚自如、积累深厚。崭“鹿”头角的倪萍自揭说：“这个奖对她非常重要，因为这个角色非常不好演，为拍这个角色两个月喝了十来斤酒（找到角色不想活的真情实感），拍完这部戏一度不想再演电影，得了这个奖之后又激起了继续拍电影的愿望。”

九年前（2003年）也是8月，在“金鹿”国际流行音乐节这中东欧地区规模最大的国际流行音乐歌曲大赛上，我国文化部选送的歌手沙宝亮捧得最高超级大奖“金鹿奖”（“金鹿”国际流行音乐节始办于1968年，大赛分别设铜奖、银奖、金奖和最高奖“金鹿奖”），他成为了迄今为止获得最高奖“金鹿”奖的唯一一个中国人。之前毛阿敏和罗中旭分别取得过银奖和金奖。在颁奖仪式上，罗马尼亚著名电视节目主持人安德烈亚女士幽默地说，“金鹿，今年奔驰到遥远而欣欣向荣的中国。”沙宝亮获奖后又一次用汉语演唱了他的获奖曲目，再一次证明了他无可比拟的唱功及现场魅力，赢得了全场观众的热烈掌声。沙宝亮崭“鹿”头角的奥秘在哪？评论说：“沙宝亮凭借着自己出众的演唱技巧、大气的演唱风格，加上高大健康的外形而‘独中花魁’，以罗马尼亚歌曲《陪天使飞行》和他同名专辑中的《Senorita》（美丽姑娘）夺得了桂冠。”其本质是磨砺深重、声情并茂。

爱车族也注意到：最近轿车别克君威GS ECU升级实测崭“鹿”头角。针对国内的君威车系的ECU程序提供商就有四五家，从基本的单独程序升级到包含涡轮套件的极限方案都有提供。但针对国内现有的用车环境来说，还是单独的ECU程序升级来的更加方便实惠。经过多方的比较，测试方选择了来自瑞士厂商Hirsch Performance（赫驰）的ECU程序，这个品牌对于喜欢君威GS改装的车友一定不陌生，因为其标志是一个带角的驯鹿头的样子，所以在改装圈子里就直接称为了“鹿头”。原来它的奥秘是品牌积淀、方便实惠。

为吸引陆客，“初鹿鲜奶煮咖哩，台东名产也入菜。”崭“鹿”头角的奥秘在哪呢？记者写道：“这道初鹿鲜奶咖哩鸡就很不一样，每天在初鹿牧场现挤的牛奶新鲜直送，浓郁的奶香配上有点辛辣的口味看似冲突的味道，却撞击出最美妙的滋味，还有这道师傅自己研发的创意料理，取自糖醋排骨的创意，将酸酸甜甜的洛神花和排骨做结合，炸得酥脆的排骨，浸满洛神花原汁，洛神花的香味去除了排骨可能会有的油腻，软嫩的子排软中带有嚼劲”。说到本质则是标新立异、地道食材。

崭“鹿”头角，让人看到的往往是光环，而探知它的本质奥秘，则能让人看到更多精彩，悟到更多真谛。

四百年前的世界经典鹿雕

今天，在世界各地，人们还可以见到受到保护的古典雕塑，这些雕塑承载着几千年的世界雕塑史，也印记着过往振奋人心的时代，波澜壮阔的往事，对于民族的自豪，对于生活的热爱。而当这一切成为过去的时候，它的灵魂便凝聚在雕塑那坚实的脉络里，而远风古韵的美还是那般揪动人心。对我来说，四百年前的世界经典鹿雕，更是如此。

世界最早的经典鹿雕在哪里呢？人类的考古发现：在中国泰安市大汶口出土的“红陶兽型壶”，距今约 6000 ~ 4600 年。1959 年出土的一件盛液体（酒、水）容器，造型像狗似羊若鹿。后又见民间交流有一件，造型似羊若獐（鹿），也是张开的嘴部则为壶嘴，巧妙实用，生动朴实。都属于夹砂红陶，容器表面自然溜（磨）光。反映了先民原始崇拜的启蒙，是新石器时代陶塑工艺中罕见的珍品。1959 年出土的“红陶兽型壶”，造型像狗似羊若鹿，脊背装提梁，液体可从尾部注入，有“足、腹、注、流”这些壶形器皿的功能性特征。而它那翻翘的鼻子、吻部和高高昂头，是咆哮的狗？是鸣叫的鹿？是讨食的羊？圆溜溜撅着尾巴，及所显露出整体的动态感，充满了自然、纯真的生命意趣。特别为女孩子和少妇所钟爱！曾作为山东文物精品多次在境外展出。

在云南省博物馆馆藏的“虎鹿牛贮贝器”，是战国时期滇族特有的容器物，它用于存放贝币。它通体呈圆筒状，腰部微束下有三足。腰部有阴刻花纹，一组衔着蛇的孔雀 6 只，另一组 4 人，分别牵牛、赶牛、持斧，还有鹿、牛及绳纹图案；器盖为圆盘形，顶端中央铸有一只大牛，体态健壮有力；四周是体量都只是大牛体量一半的一虎三鹿环立，值得一说的是：就这圆盘形器盖上，三鹿是“麤”为“粗”，牛体“大”，虎恭“顺”，牛、虎、鹿势均力敌、和睦共处与容器物的“三足”鼎立，充分反映出了先民朴素的生存哲学。“虎鹿牛贮贝器”创造者以这组阴刻雕场面和铸塑场景，用现实主义的手法表现出滇人生产、生活、精神（动物崇拜）的多方面情况，把 2000 多年前的人文社会面貌重现给我们眼前。是古代青铜艺术珍品，又是研究人文、历史的宝贵资料。

随州市市标“鹿角立鹤”，它的原型是 1978 年在湖北省随县曾侯乙墓中出土的青铜器“鹿角立鹤”。青铜器“鹿角立鹤”，通高 143.5 厘米，宽 38.4 厘米，全器由鹤身、鹤腿、鹿角、底板 4 部分榫接组成，鹤引颈昂首伫立，鹤头两侧的两支鹿角向上呈圆弧状，嘴尖上翘呈钩形，长颈、拱背、垂尾，两翅展开作轻拍状，两条粗壮的长腿蹬地欲飞，有风起云涌之感。而加之见有颈部错金云纹、三角云纹和圆圈纹，整体看这“鹿角立鹤”也像飞来落地的瞬间神态，似风轻云过而得的“鹿角立鹤”。一件罕见的文物珍品，现藏于湖北省博物馆。

在法国巴黎卢浮宫有（1542 ~ 1545 年）贝维纽多·契利尼创作的大型青铜浮雕“枫丹白露的狄安娜”。狄安娜是希腊神话中的月亮和狩猎女神阿耳忒弥斯，她的形象经常出现在古希腊以来的雕塑作品中。受 16 世纪 20 年代开始在意大利美术界流行的“样式主义”

风潮影响，“枫丹白露的狄安娜”雕像的正中间是一个探出雕刻画面的鹿的头部，女神狄安娜那丰姿性感的身体向外扭转着斜卧在鹿头下边，而右手轻搭在活力健硕的雄鹿颈上，这鲜活地体现出月亮和狩猎女神的身份和神采，也表现出月亮和狩猎女神刚柔兼俱、以柔克刚的神功。

《双鹿》和那时代的老日记本

“老日记本”主要指在1949年10月1日新中国成立后的五、六十年代，这二十多年所产生的精美老日记本。它可谓是品种繁多，具有强烈的时代气息，无论是款式、设计、文字、插图，还是封面、装帧都是日记本中的精品。这一时期制作的日记本，以《新中国》《建设》《祖国在前进》《国庆》《和平建设》《友谊万岁》《光荣》《红星》《双鹿》等为美称，其题材也十分广泛。这些老日记本的封面图案，多采用凹凸版一次成形制作，十分精美，多为漆布做装帧，色彩大都为枣红色、大红色、豆绿色等，在一些日记本的扉页还印有毛主席像、朱德像、天安门、风景图案，其规格多为36开、50开本，塑料封面十分少见，日记本的名称多与国家经济建设及政治生活息息相关。它具有很强的时代性、史料性、艺术性、研究性和真实性。它能让人怀想、怀旧……

我珍藏有《新中国》《和平建设》老日记本，一见它，五十年代的建国初年和抗美援朝结束、第一个五年计划开始，那强烈的时代气息，扑面而来。试想看如今在家里还有什么让年轻人能触摸到新中国、和平建设初期那万象更新、如火如荼的生活？我还见过另外两个版本的《新中国》老日记本，其中有一本是“自强簿记印制厂”1951年印制出版的，日记本上面还有主人用繁体字手抄恭录的“西安市人民政府税务局爱国公约”第一条就是“提高政治警惕，严防匪谍、特务。”

而至今最能勾起长辈们对友情、爱情、亲情的怀旧怀想的是《双鹿》老日记本。听长辈说：那时期日记本不但是最郑重、最时尚、最进步的纪念品、慰问品、奖品、礼品，也是友情、爱情、亲情的珍品。那时，曾为得一本精美的日记本而沾沾自喜、兴奋不已，它不但是承载和记录历史的工具，更像影子随着后来酸甜苦辣、悲欢离合的生活但不褪色；它是人们感情宣泄的工具，更是人们心心相印、不离不舍的精神伙伴；它是中国人含蓄倾诉心声的工具，它更容藏着人们内心深处的心迹，每当看到或翻翻老日记本，都令我们沉思、兴奋，更带来无限的遐想和层出不尽惆怅。如今，长辈的这种心灵惬意享受，现在大多数的年轻人不稀罕哟。在那年代《双鹿》老日记本有着寓意好、最通用的特点，倍受欢迎。如用它于：革命情侣相赠，寓意双双幸福和睦；革命同志相赠，寓意相互友好合作；晚辈献长辈，寓意健康长寿；长辈赠晚辈，寓意快乐进步。

这《双鹿》老日记本是由公私合营上海文化纸品厂出品。新中国的1954年开始，第一个五年计划期间，全国的印刷工业实行公私合营，公私合营上海文化纸品厂就是在那时期成立。之后，公私合营上海文化纸品厂也成为精美的老日记本产销量最大的厂家。公私合营上海文化纸品厂出品有：《双鹿》《幸福》《文艺》《丰收》《滑雪》《美术》《高歌猛进》《向阳》《上海》《原野》《秋菊》《红专》《第一线》日记本，而《双鹿》日记本可是“当家花旦”。《双鹿》日记本出品有：布面硬装《双鹿》日记本、凸花边硬装《双鹿》日记本、字边硬装《双鹿》日记本、塑面《双鹿》日记本。

一本尚未开用的布面硬装（红色）《双鹿》老日记本，一直是我的珍藏。

董纯才《动物漫话》怎说鹿？

董纯才的《动物漫话》在中国现代散文史中是有地位的。《动物漫话》初版于国民二十七年（1938年）七月，由商务印书馆发行的这本科学小品，标志着中国知识小品的拓荒期向兴盛期发展。史述：董纯才最有名的《动物漫话》，他是陶行知学生。董纯才从编写和翻译科普作品开始，倡导“科学文艺作品是科学的内容和文艺的形式的结合。”动物似人化，出以故事、童话形式，语言通俗平实，带小读者口吻，适少年儿童阅读。

著名科普作家叶永烈在《淘书·买书·读书》一文中讲述了他与董纯才《动物漫话》的一段佳话：“1978年5月，我在上海遇见教育部原副部长董纯才。在谈话中，我说起看过他的《动物漫话》一书，写得有趣。他大为惊诧，问道：‘你怎么看过我的《动物漫话》？’我一听，也大为惊诧，答道‘我家里就有呀！’他要我第二天马上带书来，急急地看这本书。奇怪，书是他写的，干嘛这般着急要看。原来，他写好书稿之后，交给商务印书馆，便奔赴延安了，一直没有见到过样书。解放后，他多次向商务印书馆查询。由于书的印数不多，商务印书馆已无存书，各图书馆里也没有，我是在北京旧书摊里淘到的。当我把书送到董老手中，他说：‘我借用几天，请人抄一遍，把原书还给你。’我笑了：‘我是花两角钱买的，送你吧！’他非常高兴。两年后，《董纯才科普创作选集》出版了，董老特地寄我一本，书中收入了《动物漫话》中的文章。”

我也收藏有一本初版于国民二十七年（1938年）七月的商务印书馆发行董纯才著《动物漫话》。记得我读了叶永烈所讲述的佳话后，又特意翻读一遍这本董纯才著《动物漫话》。

董纯才在《动物漫话》中这样说鹿：“除了牛之外，羊、鹿、骆驼这些有蹄兽，都会反刍。”全书就这一处这一字鹿。但读到这，读者便能从家养牛的反刍，认知了鹿的反刍。董纯才在《动物漫话》中第11页就是科普小品“反刍的来由”，书中写道：“牛吃东西有一种怪习惯，就是把草吞到胃里之后，再吐到口里来细细嚼烂，随后再吞下肚里去消化。牛的胃有四个囊：第一囊叫‘瘤胃’；第二囊叫‘蜂窠胃’；第三囊叫‘重瓣胃’；第四囊叫‘皺胃’。它吃草是先囫囵的吞下，放在瘤胃里；食物在这里润湿之后，就送到蜂窠胃里滚成小球；然后从这里吐到口里，重新细细嚼烂。食物嚼烂之后，再吞进重瓣胃里，由这里送到皺胃里去消化。这样吃法，叫做‘反刍’。除了牛之外，羊、鹿、骆驼这些有蹄兽，都会反刍。牛羊为什么会养成这种习惯呢？据说原先牛、羊在山野里过活，常受猛兽的攻击。就是在吃草的时候，它们总是提心吊胆的恐怕猛兽来了，不能安心去吃，所以总是把草囫囵的吞下去，然后再躲到安稳的地方，歇下来把吞下的食物吐到口里慢慢的嚼细。”这是野外生活环境造成的习惯。

董纯才的《动物漫话》，就是这样动物似人化，语言通俗平实，带小读者口吻，娓娓道来，生动易懂，深入浅出，触类旁通。

仓颉造字“鹿”健在

中国汉字是至今仍在世界上广泛使用的最古老的文字，它是由图画发展而成的表意文字。

上古时期，人类还没有文字，只好采用结绳记事的方法记载事情，可是麻烦重重。传说，有一天，黄帝族群中一位叫“仓颉”的人，参加群体打猎，走到一个三岔路口时，见几位猎人为“往哪条路走？”而争辩起来。一个人坚持要往东，说往东有羊；一个人要往北，说往北前面不远可以追到鹿群；一个人偏要往西，说往西有两只老虎；他们各自争执说如果不听其所指及时赶去，就会错过了打猎机会。仓颉一问，原来，几位猎人都是看着地上野兽(羊、鹿、虎)的脚印才认定的。仓颉心中猛然一喜：既然一种脚印代表一种野兽，那为什么不能用各种符号来表示不同的东西呢？他高兴地拔腿奔回住地，开始创造各种符号来表示事物。如：鹿、麋鹿，就画简笔的动物鹿的实物全体（有头、角、身、尾、腿），以象形构造了“鹿”字。

鲁迅先生说：“……在社会里，仓颉也不是一个，有的在刀柄上刻一点图，有的在门户上画一些画，心心相印，口口相传，文字就多起来了，史官一采集，就可以敷衍记事了。中国文字的来由，恐怕逃不出这例子。”(《鲁迅·门外文谈》)。我认为文化巨匠鲁迅先生言之有理，因为：汉字产生于社会生活中，目的是服务社会生活记事、交流，又随着岁月变迁修订、增补、传延，直到现代还进行了由繁体字向简体字过渡的文字改革，以适应现代社会生活要求。所以说，中国汉字是古今劳动人民的集体智慧，仓颉是古今构造汉字这个群体的代表。

汉字的四种造字法。

以象形构造的“鹿”字，这类字成了今天汉字中的象形字（象形就是把事物的形体描画出来），也成了最早出现的汉字，也称为“根字”。象形字是构成汉字另外三种即指事字（指事就是用指事性的符号来表示事物）、会意字（会意就是把两个或两个以上的独体字组合在一起，表示一个新的意义）、形声字（形声就是形符和声符并用，形符表意，声符音，后代造字大多是形声字）的基础。

三千多年来，汉字的正体字字体发生了很大的变化，先后形成甲骨文、金文、小篆、隶书和楷书五种正体字，但表意文字的特征犹存。如“鹿”构造的根字（象形字）和汉字“鹿”部首字构造的会意字、形声字都还大量沿用。

汉字的出现，标志着中国历史走进了由文字记载的时代，是历史长河中的一件大事，对后世也有着重要的影响。中国汉字的构造特点、规律，便利了后世对汉字的认知、领会、发音、传承和人们的交流；形成了后世对汉字的书法艺术，出现了书画同源的美韵；丰富了后世的思维方式、智力锻炼和交流表达。

“仓颉”造汉字,“鹿”和“鹿”部首构造的汉字，至今也还在使用。

1. 象形字有鹿、丽（麗）、麋。

鹿，甲骨文、金文鹿字的形体像一只梅花鹿，顶着一对枝杈三杠状的角，轻盈的身子，跳跃的蹄，生动、活泼、完美地表现出鹿的形体特征。鹿，这个象形字，后来成了构字的部首字，从“鹿”部首字取义的字大多与鹿科动物有关。如：麂、麝、麋、麔（雄麋鹿）、麖（马鹿）、麈（驼鹿）、麖（水鹿）、麅（狍）、麞（獐）、麇（獐）、麕（獐）、麏（獐）、麌（雄獐）、麜（雌獐）、麆（幼獐）、麚（公鹿）、麀（母鹿）、麑（幼鹿）、麇麕（成群鹿）、麃（古书上说的一种鹿类动物）、麡（古书上说的一种像鹿的动物）、麒麟等。

丽（麗），甲骨文、金文中麗字的形体像一只抬脚慢步的鹿，鹿头上突出一双硕大对称的多枝杈状角，雍容华贵、耀人眼目。麗简化为丽。古文字本义是成双成对，后也写作“俪”。基本义是美丽。丽在汉字构造中，有用表声，有依附义，如形声字“逦”“骊”；而会意字“晒”（曬）字，是从日又从麗（丽），表示阳光明亮照射珍贵的鹿皮，方可使鹿皮干透而成为人取暖的盖裹用品。

麋，甲骨文同鹿，到金文麋字的形体则像一只鹿在沼泽中悠然慢行，头上顶着枝杈二杠状的角，身子显得丰盈持重，一副高贵雍和的仪态。这也反映出中国古代的周朝时期（金文是周朝文字），麋鹿繁多，古人也就更了解麋鹿的生活环境和习性，而能把它与其它鹿区别出来。到小篆体字的“麋”变为形声字，从鹿、米（mi）声。麋鹿，它的头像马，身像驴，蹄像牛，角像鹿，故又称“四不像”，是中国唯一原产地珍贵的鹿科动物。

2. “鹿”构造的会意字：粗（麤）、尘、庆、鏖、茸、表、祓。会意字的构字法，就是把两个或两个以上的独体字组合在一起，表示一个新的字意。

粗（麤），是同体会意字，因为它是“由两个或两个以上相同的象形字组成。”从字形上看，一大两小三头鹿，死死地顶在一起，彼此混搅，非常有力气。这字源于古人观察到鹿在远行时不会单行又很警觉，吃食时也是多只鹿背对背提防外侵，一只鹿是单弱，而这多只鹿则粗壮坚实，有反击、防击力。表达出动粗的意形。因此古人构造了“一大两小三头鹿，死死地顶在一起，彼此混搅，非常有力气。”的会意字“粗”字。

尘是异体会意字，篆书之形是一大两小三头鹿（“麤”）和下面的“土”，表示鹿群奔跑，把蹄下的土踏飞后扬起细微土粒，令人闭目障气。这也让人想到春秋列国战事纷起、金戈铁马，而到秦时期则尘埃落定。隶、楷书是一头鹿奔跑扬起尘土。简体字从小、从土，表示微小的泥土是尘。本义是飞扬的细土。

庆（慶）是异体会意字，甲骨文字形从文，像人；从鹿，因为古人以鹿皮作为庆贺的礼品。金文字形从鹿、从心，以送鹿皮表示祝贺之心意。小篆字形增夂（像脚），表示带着鹿皮去祝贺。隶书字形从广（屋），表示在屋中祝贺大事。

鏖是异体会意字，隶书字形从金，表示鏖是焖煮食物的金属器；上为鹿，表明鏖常用来焖煮鹿肉。这也佐证了汉朝过度捕猎鹿，盛行食鹿肉，从而有了专用焖煮的金属器的事实。

茸是会意字，小篆字形像鹿头上的一对初生成而尚未骨化的二杠茸犄角，意含蒸蒸日上的强大生命力。

表、被是会意字，都有鹿皮引意。“表”，从衣、从毛，表示皮毛衣服；古人穿鹿皮毛，鹿毛的一面朝外，本意是鹿毛皮袄，引申为外表，外面。“被”，从皮，鹿皮包裹全身，表示古人的睡觉用品。

3. “鹿”以及“鹿”部首构造的形声字也不少，有麓、呦、辘、麋、麈、麞（獐）、麝、麇、麒麟等。形声字的构字法，就是形符和声符并用，用形符表意，用声符表音，大多数声符兼有表意功能。形声字多为后代造字。

麓，为上形下声的形声字，甲骨文字形林表意，其形像两棵树，表示与山林有关；鹿（lu）表声，以鹿多出现在山脚处来表示麓为山脚。本义是山脚。

呦，为左形右声的形声字，甲骨文字形口表意，这是张开口的鹿口形，表示与鹿口中发出的声音有关；幼（you）表声，为与鹿的鸣叫声的最接近仿声。本义指鹿鸣声。

辘，为左形右声的形声字，隶、楷、简书字形从车表意，其形像一辆车，表示辘轳如车轮会转动；鹿（lu）表声，兼表辘轳支撑转轴的两根立柱其顶端开叉形似鹿角。

麝，为上形下声的形声字，字形从鹿表意，其古文字形体像一头鹿，表示麝形状像鹿；射（she）表声，亦表麝脐有异香，香气四溢（射）。

麈，为上形下声的形声字，字形从鹿表意，其古文字形体像一头鹿，表示麈是鹿类动物；主（zhu）表声，主指首领，君主，有大之意，表示麈是最大型的鹿，是鹿王。本义后为驼鹿。

至此，我情不自禁地口占新诗一首，赞美中国汉字的博大精深。“汉字源溯数千载，仓颉造字鹿健在，形事意声根象形，骨金篆隶到正楷。”也作为学习小记吧。

引导众生的“骑鹿罗汉”

当人们朝圣走进佛教寺院的大雄宝殿，便能见到供奉的三方大佛和十八罗汉。殿内正中为娑婆世界教主释迦牟尼佛，右侧为西方极乐世界教主阿弥陀佛，左侧为东方净琉璃世界教主药师佛。殿周边供奉的是十八罗汉，十八罗汉排列第一位的是“骑鹿罗汉”。

在佛教中，罗汉的地位次于佛和菩萨。佛经中记载，释迦牟尼佛为使佛法在佛灭度后能流传后世，使众生有听闻佛法的机缘，嘱咐十六罗汉永住世间，分居各地弘扬佛法，利益众生。罗汉是修行得道的高僧，在佛教中是得到“阿罗汉果”的圣者，罗汉是梵文的音译，意译为“应供”“杀贼”和“无生”。“应供”是修得罗汉果位者应受人天供养；“杀贼”即获得罗汉果位者已杀尽种种扰乱人们内心清静、妨碍修行的有害情感之“贼”；“无生”是得到罗汉果位者已进入永恒不变的涅磐境界，不再受生死轮回之苦，修行圆满又具有引导众生向善的德行，堪受人天供养的圣者。

罗汉从印度传入中国时为十六尊，称十六尊者（尊者就是罗汉的别称）。其名称来源主要出自唐僧玄奘翻译的《法住记》，原十六位“洋罗汉”在中国民间艺人的塑像中逐渐被中国化。十八罗汉是怎么来的呢？古代的中国人认为“九”是吉利数，因此总认为“十六”没有“十八”

(两个“九”)好，如“十八般武艺”“十八学士”……唐朝以后，十六罗汉又被加了两个尊者，成为十八罗汉。在我国佛教寺院中比较流行的十八罗汉中国佛教名称是：骑鹿罗汉、喜庆罗汉、举钵罗汉、托塔罗汉、静坐罗汉、过江罗汉、骑象罗汉、笑狮罗汉、开心罗汉、探手罗汉、沉思罗汉、挖耳罗汉、布袋罗汉、芭蕉罗汉、长眉罗汉、看门罗汉、降龙罗汉、伏虎罗汉。十八罗汉融入中华文化的传统后，具有高度的文化与美学欣赏的价值。

“骑鹿罗汉”，为第一罗汉宾度罗跋罗堕尊者。他端坐神鹿若有所思，泰然自若，清高自赏。宾度罗是印度十八姓中之一，是贵族婆罗门的望族，跋罗堕阇是名。这位罗汉本来是印度优陀延王的大臣，权倾一世，但他自少聪明博闻，为臣后忽然发心为僧。优陀延王曾经亲自请他回转做官，他遂遁入深山修行。有一日，皇宫前出现的一骑鹿僧人，御林军认得是跋罗堕阇，连忙向优陀延王报告。国王出来迎接他入宫，说国家仍然虚位以待，问跋罗堕阇是否回来做官。他说此次回来是想说服指导国王出家，他用种种比喻，说明各种欲念之可厌。优陀延王因听其说法而得悟，就让位给太子后，随跋罗堕阇出家为僧。

传说，宾头卢跋罗堕神通见长，还爱在人前卖弄。据《十诵律》等记载，当释迦在王舍城时，有位外道树担居士，把栴檀钵高高悬起，声言若有沙门婆罗门能不用梯杖取下此钵，钵便归其所有。宾头卢跋罗堕即入于禅定，以神通力腾起空中，取下栴檀钵。佛知悉后，责备他不该在未受大戒之人面前卖弄神通，就将他摒出阎浮提，让他去瞿陀尼洲，教化那儿的男女信众。

“骑鹿罗汉”化缘有方，故中国禅林食堂常供奉他塑像。相传，中国东晋时代的高僧道安法师曾梦见头白眉长的“胡道人”，因不得入涅盘，住在西域，愿相助弘传佛法，请以饭食供养。以后道安大师弟子慧远法师看了《十诵律》，方才明白道安所梦即此位宾头卢跋罗堕罗汉。因而在中国佛教寺院中，常常将宾头卢颇罗堕罗汉的像供奉在饭堂里。此罗汉的像，早在南北朝正胜寺释法愿、正喜寺释法镜就已画过。五代贯休所作十六罗汉像中，此罗汉箕坐岩石上，左手持杖，右手凭岩，膝上置经。眉骨外突，双目睥睨前方。苏东坡有赞曰："白□（□，为缺字）在膝，贝多在巾。目视超然，忘经与人。面颅百皱，不受刀□（□，为缺字）。无心扫除，留此残雪。"

《失乐园》里的鹿诉说

走进中国美术馆“美丽台湾”台湾近现代名家经典作品展，回溯过去一个世纪台湾美术进入现代时期的历史。这个展览包括渡海三家的张大千、黄君璧与溥心畬等140位参展艺术家，总计展出166件经典名作，是两岸交流以来规模最大的一次台湾美术展览。在观展的大部分时间，我伫立在倪再沁《失乐园》（一）水墨画作品前。倾听着那失乐园里的鹿诉说。

倪再沁教授1955年出生于台北县，1981年毕业于台湾文化大学艺术研究所，1997年成为巴黎第四大学艺术史博士候选人，1997年至1999年任台湾省立美术馆馆长。倪再沁早期创作大多以水墨为主，批判讽刺的性格瞬间点燃受人瞩目。在当时就已经展现出他对自然生态的关切，《失乐园》系列中，暗喻台湾的古迹、物种、土地，都受到人类的经济发展需求而逐渐变色，渐渐破坏……

《失乐园》（一）水墨画作品，创作于1993年，画面内容使用了拼贴、变形等现代主义表现手法。画面里被挤压在右上角的梅花鹿，仿佛在倾诉说：这劈山让出的盘山公路、汽车，占山而立的众多建筑，还有疯狂的捕猎，勤劳的施工者，让今天的鹿失去了乐园，这看似今天人类开创了自己的乐园，实际上是人类使得鹿与人类共同失去了乐园。鹿和其他野生动物与人类共同构成自然界生态系统最活跃的重要组成部分，对自然生态平衡举足轻重，失去它，预示着人类灾难的来临。

鹿类动物也是一种可更新的自然资源，过去、现在和将来都是人类重要的动物朋友，并为人类奉献。

远古人类拿鹿肉充饥、鹿皮取暖，古代人以鹿茸、麝香入药，现代人视鹿肉为原料的饮食为佳肴，视鹿茸、麝香、鹿胎为珍贵商品。用今天的话说，这是鹿的商业价值。

鹿的生态价值更为重要，但无法象商业价值那样直接用“钱”描述。这真把已经很稀少的野生鹿群急坏了，就在 1969 年台湾的野生梅花鹿群灭绝了。鹿与其他野生动物形成的自然食物链，对维持生态平衡和生物多样性、物种健康、基因遗传变异性及交换率，起着现代技术无法替代、也无力投资的重要作用。

生态学、生理学、生物学、遗传学、医学、中医药学、地质学、古生物学、病理学，甚至社会学、人类学、仿生学研究，都离不开鹿等野生动物，把它做为研究对象。鹿全体、内脏、分泌物、鹿骨入药，由驯鹿迁徙进而对驯鹿蹄结构和功能研究发展的省动力（行走）机器人研发，麋鹿的消灭对环境的指示物作用，都显现出鹿的科学价值。

鹿类动物作为旅游观赏对象也发挥特有的作用和价值。除传统的狩猎外更可观赏、摄影、绘画、野外考察等，这有益于人锻炼体魄和强健身心。

人类的文化发展中，鹿的形象无处不在，无时不在。从汉字的创始，到地名、物名、人名、诗歌、舞蹈、民俗、绘画、雕塑、商标、用品均能找到鹿的体（题）裁和形象。鹿，也成了许多灵感、寓意和创作的源泉。对鹿的了解越多、越深，观赏能力就越强，所享受的美就越多，美学价值就越大。

是的，鹿类对苗木的啃食会给人工园林造成危害，但在森林里，则有剪叶修枝促进森林更新茂盛的作用。

观众必将从倪再沁《失乐园》(一) 水墨作品中，得到保护生态乐园的警示和力量。质朴拙然氛围拉回纯真时间，原来生命有一种绝对，最初也是最终。

从谐音字“鹿、陆、乐”说起

春节俗称“年节”，是中华民族最隆重的传统佳节。自汉武帝太初元年始，以夏年（农历）正月初一为“岁首”（即“年”），年节的日期由此固定下来，延续至今，人们家人团聚以盛大的仪式和热情，迎接新年，迎接春天。春节挂贴年画也给千家万户平添了许多兴旺欢乐的喜庆气氛，古今流传的《福禄寿三星图》《天官赐福》《五谷丰登》《六畜兴旺》《迎春接福》《鹿鹤同春》等经典年画，满足了人们喜庆祈年、迎春的美好愿望。

《鹿鹤同春》是意寓着“六合同春”,“六合”，是指“天地四方”（天地和东西南北），亦泛指天下。“六合同春”便是天下皆春，万物欣欣向荣。古代人们运用谐音的手法，以“鹿”取“陆”之音;“鹤”取“合”之音。“春”的寓意则取花卉、松树、椿树等。这些形象，组合起来构成“六合同春”吉祥图案。这里“鹿”“陆”通用。

“鹿”与“乐”的通用，就在世界另一个盛大的家人团聚和喜庆的节日——圣诞节。圣诞卡（圣诞卡片）在美国和欧洲很流行，也是为维持远方亲朋好友关系的方式之一。许多家庭随贺卡带上年度家庭合照或家庭新闻，新闻一般包括家庭成员在过去一年的优点特长等内容。也少不了一句“圣诞快乐”，它总是有“快鹿”的身影。

每年圣诞节期间，芬兰、法国、英国等多个国家的邮政部门都会开启“圣诞邮局”。世界各地的孩子都会在此时往圣诞老人的故乡 -- 芬兰的圣诞老人村寄信，那儿圣诞老人和他的助手们将会一起给孩子们回信，为他们带来圣诞惊喜。《常州晚报》2012 年 12 月 12 日报道：常州邮政局的工作人员告诉记者，这个月 23 日、24 日，在南大街莱蒙广场，就会有这样一部装扮成圣诞快鹿车的邮车，化身“圣诞邮局”。

谐音字“鹿、陆、乐”，因为有谐音谐喻而通用，并与世界上广泛受众的两个重大节日联系在一起。而我还有一件珍稀的收藏品，它也是“鹿、陆、乐”联系在一起，见证着一段近代中国人民苦难而浴血奋斗的历史，能让人们在节日里多一份追思感想。

这是一件老的用毛笔书写的“实寄封”。

这“实寄封”信的收信人地址在江西的乐平。乐平的北 33 公里有个涌山洞遗址，为旧石器时代中晚期洞穴遗址，距今约 10 万年。1962 年 11 月，中国科学院古脊椎动物与古人类研究所首次进行考察发现，在第三层中出土了多种动物化石和石英质石制品，其中一件人工痕迹清楚，伴出的动物化石有豪猪、黑鼠、剑齿象、犀牛、水牛、羊、水鹿等。今乐平丰富的自然动物资源中鹿类的就有黑麂、獐、梅花鹿。丰富的鹿资源也丰富了当地人的观察想象力，那里的人于 2007 年 7 月 6 日在乐平市礼林镇黄家庄村，就一株与人相伴生活了一千多年历史的古樟，发现了它正面形似鹿头，背面似龙头，直径达 4 米多，令人叹为观止。据村民介绍，此树虽多次遭雷击，躯干受损，但仍然保持了旺盛的生命力。《人民日报》做了图片报道。乐平，是“鹿”频（平）出现吧？

这“实寄封”贴的邮资是由民国孙中山像邮票五分，加盖改“暂售陆圆”的邮票。由上海寄出。这枚“实寄封”是“上海鸿章纺织染厂”的官封。清末朝廷重臣李鸿章曾为开创中国的纺织业努力操办，但三次都因用人不当而失败。上海鸿章纺织染厂，不是李鸿章创办的，它是在第一次世界大战（1914 ~ 1918 年）爆发后，欧洲各国自顾不暇，棉纱、棉布输入中国的数额锐减，中国民族棉纺织业得到发展良机中成长起来。是由潮州人郭子彬与表弟郑培之合作，投入巨资在上海创办颇具规模的鸿裕纱厂（资本白银 150 万两）后的第二年创办鸿章纺织染厂（启动资本白银 10 万两，后陆续增资共白银 160 万两），聘用外国技师，引入先进设备，产品畅销国内各大商埠及东南亚各国。孙中山先生曾为郭子彬的这民族实业手书“衣被群生”的牌匾，郭子彬自此跻身近代上海著名实业家之列。1937 年 11 月，即中国抗日战争全面爆发以后的第四个月，上海沦陷。在日军策划下，伪上海市大道政府（1937.12 ~ 1938.4）、伪督办上海市政公署（1938.4 ~ 1938.10）以及伪上海特别市政府（1938.10 ~ 1945.8）三个傀儡政权相继粉墨登场。中国民族实业纷纷被掠夺、被倒闭，“上海鸿章纺织染厂”也无法幸免。

这封用毛笔书写的“实寄封”寄出时间为：民国廿七年四月初（1938 年 4 月），贴的是日伪政权加盖的邮票（与同时期日伪政权加盖的邮票特征相符）。到达江西乐平落地戳时间为民国廿七年四月廿四日。特别难得的是乐平邮局对这来自沦陷区的信件，加盖了“抗日救国收复河山”（红）戳！至今还烙印留存在这“实寄封”上，它是当时从“乐平”再次发出的中国人民乐（爱）（和）平的最强音！

此时，在这海内外华人家人团聚以盛大的仪式和热情，迎接新年的日子里，我想起这一枚难得留世并已有 75 年的“实寄封”，那中华民族团结奋起抗日的往事历历在目，心中涌起“人民英雄纪念碑碑文”

中的一句:“由此上溯到一千八百四十年,从那时起,为了反对内外敌人,争取民族独立和人民自由幸福,在历次斗争中牺牲的人民英雄们永垂不朽!”

今天,中国人的进步和担当就在于懂得了:没有纪念意味背叛,只会仇恨没有未来!

“鹿石”通灵

时光倒流，约从 1 万年前开始，结束时间距今 3000 多年前，欧亚草原的星星比今天更明亮。在这里生活着的居民，与马鹿、驼鹿、羚羊、牛、驴、野猪、狼、虎、豹、天鹅等动物，都活跃在一个水草肥美的自然环境。居民掌握了制作使用弓箭和动物驯养，收获野物、谷物，第一个组织体系——母系社会产生与发展，社会思想和宗教开始产生。进入早期铁器时代，经济游牧化，社会急剧复杂化，早期游牧国家形成。强势智慧的游牧部落首领为了整合草原不同部落，运用各种可用手段特别是神的力量，来实现对广阔的游牧草原的控制，整套蕴含部落首领意识形态的艺术主题和王权威权物、大型王族墓地、季节性的大型礼仪中心就是其标志。鹿石，就是欧亚草原上这样神秘的古老文化遗存。

考古发现鹿石是公元前 13 世纪至前 6 世纪广泛分布于亚欧草原上的一种重要的古代文化遗迹，因碑体上雕刻了著名的图案化的鹿纹样而得名，是非常典型的早期古文化遗物。鹿石这是一个概称，有很多名叫鹿石的各类形状石碑并没有鹿纹。它分布极其广泛，从内蒙古呼伦贝尔横跨蒙古高原、俄罗斯图瓦和南西伯利亚、我国新疆的阿勒泰地区，经过吉尔吉斯、哈萨克斯坦、黑海，直到欧洲的德国和保加利亚等地，几乎遍及整个欧亚草原。根据目前的考古发现，共有鹿石 660 多通，在蒙古、俄罗斯、中亚地区以及我国都有发现遗存。蒙古鹿石最初发现于 19 世纪末，是目前所知发现数量最多的鹿石，有 500 多通。中国新疆三海子墓葬及鹿石遗址群，2001 年 6 月被列为第五批全国重点文物保护单位。

新疆青河三道海子遗址群，主要是由鹿石和祭祀圈构成，美依尔曼的十座遗址围绕花海子最重要的泉源分布，并且在泉源附近有祭祀的痕迹，意外发现一座蒙元时代利用古代石堆安葬的石板墓，并在墓中发现了丝绸，是研究草原丝绸之路重要的实物资料。此外，在祭祀场所中，发现的十字轮辐的遗址和太阳、星宿、银河等天体运动有密切的关系，是早期游牧王国统治集团的夏季祭祀圣地，三道海子遗址还对研究游牧化、大型礼仪在社会复杂化过程中的作用具有重要的价值。为了解早期游牧王国组织能力、统治意识、天文以及精神世界提供了重要资料。

有学者对古代草原文化标志性遗产鹿石上的动物图像所反映的鹿种做分析，发现这些图像主要是驼鹿和马鹿的映像，也说明鹿石和早期游牧民族的狩猎生计活动密切关联。

鹿在草原居民和游牧民族生活中都占有重要地位，在物质和精神上都密切相通。从精神上看，鹿被草原游牧民族视为神兽，是“补助灵”和守护神，是唯一可以自由往来于天、地、人三界之间，通天通神，传达死者和神祇的意志和自己的愿望。这便有鹿石的出现，替代被屠杀的鹿，成为了祭祀天地日月等祭祀仪式用到的重要工具。鹿，也更是被作为人格神，血脉相承、广泛流传。

首次解开松江普照寺桥
“十鹿九回头”碑的千年之谜

松江普照寺，在松江是最古老的寺院，“诚为诸刹之冠”。建寺年代一说建于晋代，原为著名文学家、松江人陆机的别院。一说建于唐肃宗(李亨)的乾元(758-760年)年间。寺在唐代称为大明寺，宋大中祥符三年(1010年)，皇上降旨将大明寺改为“普照讲寺”(普照寺)，至今已有千余年了。宋室后代的元朝官僚、书画家赵孟頫，常来松江，以僧为友，曾以楷书陆机《文赋》赠松江普照寺住持。寺曾毁于兵火，明代的寺僧俩、大城、居敬等相继修复，普照寺的最后一次大修是在明朝中期，清朝时古寺实际上已经基本破败，且没有维修记载。清朝之后日渐衰败毁尽，寺和桥湮没之后，“十鹿九回头”石刻浮雕石碑又被移至“云间第一楼”中保存。1949年以后才送至“醉白池”。普照寺遗址在今上海松江区的通波塘西侧、中山中路北侧，现松江第一水厂和区政府原址大院东部。现今，还在普照寺原址正南方保留了一条“普照路”的路名，普照寺原址还留有两株银杏树，上海市松江博物馆收存有《重修普照寺记》石碑。

在普照寺南有一条名为日月河，《江南通志》有载：“日月河在府城中普照寺南，古诚云：日月河通出状元。河久湮塞，明代成化间知府樊莹浚之，钱福果状元及第；后复淤，万历间知府许维新又浚之，张以诚状元及第”。日月河上有一座小石桥叫普照寺桥，正对着普照寺。这座桥上原来有一块刻着鹿的石碑，被称为“十鹿九回头”碑。真石碑原本就立于普照寺桥上，清代有“却笑山门桥上石”的诗句就是佐证。现今，石碑的仿制品立于上海之根松江府名园“醉白池”，而真石碑现收存在松江博物馆内。

不论是见到仿制品还是真石碑，人们都有着千年未解之谜：明明人们看到普照寺桥“十鹿九回头”碑，总数是十只鹿，只有七只鹿是回头的，却都称叫它“十鹿九回头”，这又是为什么？而这十只鹿有七只鹿是回头，这是什么涵义？

汇集一下至今已有的解释，主要有：古代修志者认为“十鹿九回头”是对做事不全者的讽谏；清代教育家王韬认为回头之鹿是用于指那些超然物外，激流勇退的贤哲；近年佛教研究者认为佛寺前的“鹿回头”与佛教《本生经》的“鹿本生”内容有关。而松江民间流传着这么一种说法。松江是江南鱼米之乡，“莼鲈之思”使外出官宦经商者就像“十鹿九回头”一样，十有九人怀乡而思归。出自《松江府志》中描述浮雕“阳纹隆起，头角峥嵘，其一顺向，余皆反顾……”松江古称云间(华亭)县，天上有十头仙鹿下凡留恋松江景色，结果九头不肯返还天上，民间曰十鹿九回头，只有一头回到天上，跟随于福、禄、寿三仙之寿仙。由于鹿最有特色的为鹿角也称鹿茸，所以松江又称“茸城”。王韬《淞隐漫录》之“十鹿九回头记”：“《华亭县志》，十鹿九回头碑在普照寺桥侧，刻十鹿于上，阳纹隆起，头角峥嵘，其一顺向，余俱返顾，故松人以做事不前谓之十鹿九回头。或曰，否，不然。鹿者，禄也；迩日诸贤，却禄鸣高，其迹类是。以余所知者，凡有九人，例得连类而书之，为斯碑之左证。”数百年来，人们就以这些解释为出处、为基础地传开并介绍说，“十鹿九回头”有三种不同寓意：一是讥讽一些做事不牢靠、碰到挫折就回头的人。二是赞扬一些放得开，知道急流勇退的人。三是与佛教《本生经》有关，是叙述佛陀带领群鹿战胜各种磨难的故事。而在松江民间，则又流传着第四种说法，说是由于鹿与“禄”同音，在十个做官的松江人中，最终会有九个回乡的，说明松江这个地方确实优美、富足，令人难以割舍。

但真石碑上实际的画面是十只鹿七只鹿回头，不是“十鹿九回头”。显然，这“鹿回头”石雕的涵义引起学者和民众多种猜测与争论，至今还未解。难道是古代修志者，如称松江的别称，有称“五茸城”，也有称“茸城”，对数字概念就这样含糊不清？

我是这样解开松江普照寺桥“十鹿九回头”碑这千年之谜的。

从求是真实的物品入手。

因为，真石碑现收存在上海市的松江博物馆内，而且没有研究者对这块真石碑就是立于普照寺桥上的“十鹿九回头”碑有异议，则可以确定：从立于松江普照寺桥上左侧，流传至今的鹿石碑，实际上碑的画面是十只鹿中有七只鹿是回头的，这是正确的、真实的原貌，而且实物现存在上海市的松江博物馆内。我专程到了位于上海市松江区中山东路 233 号松江博物馆的“碑林”，察看这饱经历史沧桑的原碑。这块浮雕鹿石碑，“阳纹隆起”，高约 90 厘米、宽约 88 厘米，如今虽然已是破损的修复品，但是“十只鹿”栩栩如生，“七只鹿”的头是回头的，我还注意到，鹿群踩踏在露出水面的鹅卵石或浅水中，伫立或行动着；从右上方伸展向左上方的银杏树枝，给了我仿佛置身在“松江普照寺两株银杏树”下的感受。由于，这块浮雕鹿石碑是相嵌立在墙上又加了玻璃框定保护浮雕画面，没能看到碑的侧壁和背面的信息。松江博物馆有介绍标牌，全部内容：“明·‘十鹿九回头’碑”。

从察看真实的差异入手。

真石碑上的画面为十只生动逼真的梅花鹿群，有七只鹿的头是回头的。上一排有五只鹿，五只都是“回头鹿”，五只鹿是两只公鹿（有角）和三只母鹿（没角）；下一排也有五只鹿，只有两只是“回头鹿”，从右向左第一只是“回头鹿”公鹿（有角），第二只母鹿、第三只公鹿都不是回头，第四只是“回头鹿”母鹿，第五只公鹿也不是回头。

从查对真实的关联入手。

有一位出生于1944年的老人在回忆童年时写道：“在普照寺南有一条名为日月河的小河，河上有一座小石桥叫普照寺桥，正对着普照寺。小时候经常走过这座桥，也没有感到什么特别的，直到有一天听人说，这座桥上原来有一块刻着鹿的石碑，很漂亮，叫‘十鹿九回头’，后来不见了。从此以后，我很想一见这‘十鹿九回头’碑，可是却始终没有这个缘分。直到‘文革’以后偶然回松江，才在‘醉白池’见到了”。老人这段回忆中的“河上有一座小石桥叫普照寺桥，正对着普照寺”和“这座桥上原来有一块刻着鹿的石碑”，左证了这普照寺桥，应该是为普照寺而建。在这桥上立这十只鹿中有七只是回头鹿的碑，我认为：应该很大成份是与普照寺有关，与佛教有关。

普照寺，佛教，佛语，佛语有“七众”、“七归依”。

“七众”，佛教术语。七众者。谓出家五众：比丘、比丘尼、沙弥、沙弥尼、式叉摩那，在家二众：优婆塞、优婆夷。而且，一定要注意：七众者是有性别的！出家五众：比丘、比丘尼、沙弥、沙弥尼、式叉摩那，分别是男、女、男、女、女；在家二众：优婆塞、优婆夷，分别是男、女。

“七归依”，西藏佛教用语。归依又作皈依。即皈依佛、法、僧、上师、本尊、空行、护法等七者，以之为皈依对象或皈依境。

比照一下吧！真石碑上的十只鹿中有七只是回头鹿，七只回头鹿对应“七归依”，也意指这七只回头鹿是归依、皈依佛教的。十只鹿中，上一排（这里可以理解为“家”外，出家）有五只鹿，五只都是“回头鹿”，五只鹿是两只公鹿（有角）和三只母鹿（没角），对应了皈依佛教的出家五众：男、女、男、女、女。下一排（这里可以理解为“家”内，在家）也有五只鹿，只有两只是“回头鹿”，从右向左第一只是“回头鹿”公鹿（有角），第二只母鹿、第三只公鹿都不是回头，第四只是“回头鹿”母鹿，第五只公鹿也不是回头，“回头鹿”是一只公鹿和一只母鹿，也对应了皈依佛教的在家二众：优婆塞、优婆夷，分别是男、女。下一排没有回头的两只公鹿和一只母鹿是朝着同一个方向不同动态向前的。

至此，第一个谜底解开了，显然，这十只鹿有七只鹿是回头，基本涵义就在“七众”、“七归依”！

那么，明明人们看到普照寺桥“十鹿九回头”碑，总数是十只鹿，只有七只鹿是回头的，却都称叫它“十鹿九回头”，这又是为什么？

清嘉庆《松江府志》载“在普照寺桥左侧，刻十鹿于上，阳纹隆起，头角峥嵘，其一顺向，余俱反顾”。到了光绪年间《华亭县志》载“在普照寺桥侧，刻十鹿于上，阳纹隆起，头角峥嵘，其一顺向，余俱返顾，故松人以做事不前谓之十鹿九回头”。这两部志也就是府志、县志，细致比较后，我发现重大遗漏：清嘉庆《松江府志》明确“碑”是立“在普照寺桥左侧”，而光绪年间《华亭县志》只有“在普照寺桥侧”，我很重视也请读者要重视“十鹿九回头（碑）在普照寺桥左侧”！这是解谜的钥匙。因为“河上有一座小石桥叫普照寺桥，正对着普照寺”，那么“碑”是立“在普照寺桥左侧”，古代修志者从桥南头向普照寺而来，“普照寺桥左侧”就是西边，清嘉庆《松江府志》的“其一顺向，余俱反顾”，与光绪年间《华亭县志》的“其一顺向，余俱返顾”，是基本是相同表述。即：古代修志者从桥南头向普照寺寺门而来，转向“普照寺桥左侧”就是西边的西来看碑：碑的上一排有五只鹿，从普照寺桥南向着普照寺寺门，五只鹿都是“头回鹿”〔鹿头都是“反(返)顾”普照寺大门、佛门〕。而下一排也有五只鹿，从普照寺桥南向着普照寺寺门，前四只鹿都是“反(返)顾”普照寺寺门(佛门)，其中一只鹿是“头回鹿”，其它有三只鹿(虽然没有回头的两只公鹿和一只母鹿)是朝着同一个方向不同动态的朝向普照寺寺门(佛门)前行，但这三只鹿，对于唯一的与普照寺寺门的朝向“其一顺向”的鹿而言还是“反(返)顾”。所以古代修志者表述十只鹿是“其一顺向，余惧(俱)反(返)顾”，是对的！只有一只鹿的鹿头(尽管这鹿头是回头的)是与普照寺大门“顺向”(朝门外的)，而“余俱”的九只鹿的鹿头(尽管有六只鹿头是回头的)是与普照寺大门“反(返)顾”(朝进门的)，所以“其一顺向，余惧(俱)反(返)顾”的表述也是没错的。只是，古代的修志者一直不懂得：这十只鹿有七只鹿是回头鹿，基本涵义就在“七众”、“七归依”！也一直不懂得：有三只鹿向着普照寺寺门(佛门)而来，但则是头并没有回头的鹿，是尚未“归依”，所以没有用“鹿回头”表现；而只懂得并在修志中表述是“其一顺向，余惧(俱)反(返)顾”，这表述没错的。只是对“其一顺向，余惧(俱)反(返)顾”，不能不分场景、环境，简单等同“十鹿九回头”，因为，就石碑画面而言则是“十鹿七回头”，这就不吻合了。但是，就是这样硬是被口口相传，表述成了“十鹿九回头”。也正是由于历史上存在的“没有分清”境、景、基础的解读和浮想，又加上解读的不得要领，难免引起多种猜测与争论，更成了一团无头的乱绳，当然是解也解不开谜。

而如果，随我分清不同的场景和环境来解读，谜题就迎刃而解了。就人们围观看的石碑画面这画中的景而言，是“十鹿七回头”，画面传达的是佛语："七众"、"七归依"；就这人们围观看的石碑画面放在包括到普照寺的环境（即石碑的鹿朝向普照寺寺门）而言，则是"十鹿九回头"，环境中仿佛从寺门里传来佛语："千年暗室，一灯即明"。这时的"十鹿九回头"（"其一顺向，余惧（俱）反（返）顾"），不正是一只鹿引着九只鹿归向（包括已"归依"的回来，也包括来"归依"的）佛门(也包含要引着更多围观的人)，如同是"一灯引千灯'普照'世(寺)"。我惊叹建寺大德高僧的智慧的同时，也惊赞鹿石碑的创意者的智慧！它就是一幅神奇的禅画。而且，用今天的时尚语来说，普照寺桥"十鹿九回头"碑，就是松江普照寺的标志、徽标（"logo"）。这是中国现存最早的、唯一的"普照寺"名称的动物形象标志、徽标实物。也是中国现存最早的佛教寺院名称的动物形象标志、徽标实物。

今天谜底终于解开了！我认为普照寺桥"十鹿九回头"碑，还传达有几个信息是：普照寺的僧人和信众们，曾经是涉水或踏着小河的河石和鹅卵石进出普照寺的；普照寺"诚为诸刹之冠"的地位是令人注目的，令信众神往的；普照寺的影响远不只在寺内，唐代禅寺普植的银杏树，是近于等同植种菩提树的，这普照寺的银杏树枝，都"枝繁叶茂"到"十鹿九回头"碑的图面中，一幅"七众瞻仰道风大扇"的盛景；"十鹿九回头"碑，选用"鹿"群而不是"人"群来表现石碑内含，主要还是与"五茸城""茸城"有关，也能估计在唐、宋、元、明朝，还是有野生鹿群出没于松江普照寺一带，当然也有一点是有融合入"鹿和佛缘"的用心；"十鹿九回头"碑，属于是社会信众和贤达捐建的可能性，要大大高于寺院自建的可能性；"十鹿九回头"碑，应该是与捐建或捐修"普照寺桥"同时建立的；宋代，就有"普照寺桥"并立有鹿石碑的可能性很大。

从反证真实的情理入手。

“十鹿九回头”“是对做事不全者的讽谏”？人们从真石碑来看“其一顺向”的鹿，其实这只鹿的头是真回头的，那么，又怎么以这只鹿的“回头”来讽谏其它九只鹿的“回头”呢？显然说不通。

“清代教育家王韬认为回头之鹿是用于指那些超然物外，激流勇退的贤哲”。这从“归依”上讲有些也对。但看不出王韬先贤是针对“归依”而言。还是远没有解开谜底，还是在外围的外围绕圈。而且，也没触及是几只鹿回头。

“近年佛教研究者认为佛寺前的‘鹿回头’与佛教《本生经》的‘鹿本生’内容有关”，是叙述佛陀带领群鹿战胜各种磨难的故事。对这样的佛教研究者，我不好评论。非佛教研究者顺着有对鹿和佛缘的了解，去思考而解不了这谜题，是情有可言的，而佛教研究者的佛教知识应该是宽广的呀。

“莼鲈之思”成语已经广为传诵成了思念故乡的代名词。还需要立碑用像“十鹿九回头”一样，揭示“十有九人怀乡而思归”吗？而且是立在“在普照寺桥左侧”，显然说不通。

“天上有十头仙鹿下凡留恋松江景色，结果九头不肯返还天上，民间曰十鹿九回头，只有一头回到天上，跟随于福、禄、寿三仙之寿仙”之说，显然是个连应景都没能达到的故事。

清代有“却笑山门桥上石”的诗句，这“笑”，笑得好，但笑得不痛快！笑的就是普照寺山门前这桥上鹿石碑，近千年来千说百解，不得真解，尚不能让人认可地畅怀、放松地大笑啊。我们今天，可以畅怀、放松地大笑了。

我从求是真实的物品入手，从察看真实的差异入手，从查对真实的关联入手，从反证真实的情理入手，共四个角度入手解开了松江普照寺桥“十鹿九回头”碑的千年之谜。如果，有人问我，那应该怎么给这块鹿石碑命名？我想到，《大明高僧传》中有松江普照寺沙门释居敬传九（东源）的传：“释居敬字心渊别号兰雪。学通内外善属文精严律部。礼金陵大报恩寺一雨和尚职知客。后参杭州集庆寺东源法师。于忏摩堂居第一座。从而讲周易。永乐初奉。诏校大藏经预修会典。已而住持上海广福讲寺。迁松江普照大开法席一十三载。建大雄殿海月堂三解脱门。廊庑重轩精舍香积焕然新之。七众瞻仰道风大扇。”

我想说：就命名为“七众瞻仰道风大扇碑”吧！因为，我也正是从瞻仰“七众”得开悟而开启解谜题。加之，从今往后人们的参观瞻仰和对古碑新知的口口相传，正将是“积焕然新”、“道风大扇”。同时，也饱含着对普照寺大德高僧的景仰之意。

而保留至今已习惯了的称呼“十鹿九回头碑”，就当别名吧。

后记

20年，整整20年了！我出一本说“鹿”和由“鹿”引发的故事杂谈散文集的愿望、努力，终于实现了。中国林业出版社编辑读了我的书稿，认为有出书价值，我有点激动。《秋高听鹿鸣》从书的内容含盖看，是一本文、史、哲、趣的读物，具有新鲜可读性；从书的内容升华看，是“进德修业”的信物，具有指导、引导意义；从书名的吉语看，还是温书迎考（学子）的好礼物，捎去美好的祝福。这书从愿望、构想到完成，历时整整20年。

1997年，我花了一年的时间，一边工作，一边收藏有鹿信息的中外邮票和书籍，一边编辑了《呦呦鹿鸣》，今天看来应该算是资料册子。当时，请了《中国鹿类动物》作者之一、鹿类专家马逸清先生来到北京帮我看稿，他很中肯地同我说：“出书还不行。”我写信请中国科学院院士郑作新先生作序，他很严谨地回信表示：“虽然出席麋鹿保护活动，但对鹿缺少研究。”从此，我没再翻看过那本“资料册子”，但是，我很感激专家的中肯和严谨，他们以负责任的态度激励我前行！后来，我一边工作，一边收藏有鹿信息的中外邮票等大量“鹿”元素的老物件并研究，并筹备鹿文化博物馆，坚持至今20年。

2010年8月28～29日，由国家农业部所属的中国畜牧业协会主办的首届中国鹿业发展大会暨中国畜牧业协会鹿业分会成立大会，在内蒙古包头市隆重召开。我是作为业外人士（通过《中国鹿文化传播的探讨》论文入选）出席了会议。鹿业分会副会长林仁堂先生有关鹿文化发展的发言，让我感触到：是开启重新动笔的时候了。

2011 年 1 月至 2013 年 4 月是我这 119 篇说“鹿”和由“鹿”引发的故事杂谈散文成稿的主要时间。也在一定范围交流和征求意见。

2010 年随后的每年中国鹿业发展大会暨中国畜牧业协会鹿业分会的年会，我都有应征的鹿文化论文入选。

2015 年，我被特聘为中国畜牧业协会鹿业分会鹿文化专家委员会副主任。

2017 年出《秋高听鹿鸣》这本书，我也还有一个想法，就是把书作为已经筹备成熟的鹿文化博物馆项目（不论是从鹿博物馆、鹿文化创意园区、鹿的特色小镇发展，都具有文化教育和社会经济价值），与政府等方面对接的抛砖引玉。希望引起更多的关注、理解、支持和帮助。使项目早日落成。

本版只有文字没配图，是有诸多因素综合考虑的选定。谢谢理解和对文字给予指正。联系邮箱为 2710002626@qq.com

在《秋高听鹿鸣》出书之际，对我收藏、研究鹿文化史料实物载体、筹办鹿文化博物馆和出版书籍等，给予支持、帮助的人们，我再次深表感谢。

当您拥有《秋高听鹿鸣》这本书后，请记住！第一时间扫码或加作者微信号 lujing20170701，昵称：鹿经，个性签名《秋高听鹿鸣》著作者。谢谢。

2017 年 7 月 1 日